Vom Urknall bis zum E-Auto

Gideon Böss

Vom Urknall bis zum E-Auto

Ein Museumsführer durch (fast) 14 Milliarden Jahre Geschichte

Gideon Böss
Berlin, Deutschland

ISBN 978-3-658-42336-0   ISBN 978-3-658-42337-7 (eBook)
https://doi.org/10.1007/978-3-658-42337-7

Die Deutsche Nationalbibliothek verzeichnet diese Publikation in der Deutschen
Nationalbibliografie; detaillierte bibliografische Daten sind im Internet über https://
portal.dnb.de abrufbar.

Planung/Lektorat: Isabella Hanser
Springer ist ein Imprint der eingetragenen Gesellschaft Springer Fachmedien Wiesbaden GmbH und ist ein Teil von Springer Nature.
Die Anschrift der Gesellschaft ist: Abraham-Lincoln-Str. 46, 65189 Wiesbaden, Germany

Das Papier dieses Produkts ist recyclebar.

Für Leo – Das alles ist passiert, als es dich noch nicht gab

Vorwort

Die Idee zu diesem Buch kam mir in einem Museum. Ich saß da und schaute mir ein Video zum Urknall an und während sich erste Sterne und Galaxien bildeten und die Jahrmilliarden vorbeirauschten, fragte ich mich, ob man die Geschichte vom Urknall bis in unsere Zeit eigentlich anhand von Museumsbesuchen erzählen könnte. Dieses Buch versucht darum genau das. In zwanzig Kapiteln geht es um das Entstehen des Universums, um das erste Leben auf Erden, um die Urmenschen und frühe Hochkulturen, um Kleopatra, Luther und die Menschenrechte, um die Entstehung der Sprachen, um Kultur und Medizin, um Darwin und das Internet, um den Dreißigjährigen Krieg und um Nanotechnologie.

Auch die Museen selbst, ihre Entstehungsgeschichten und prägenden Figuren werden dabei vorgestellt. Manche von ihnen haben selbst Biografien, die ein eigenes Museum zu ihren Ehren rechtfertigen würde. Wobei das generell eine Idee wäre: ein Museum über Museumsgründer. Aber das nur am Rande angemerkt. Nachdem ich also die Idee zu dieser Reise durch Raum und Zeit hatte, zog ich schließlich voller Tatendrang los und besuchte ein erstes Museum und ein zweites und ein drittes und ein viertes und dann ging erst mal für sehr lange Zeit nichts mehr. Die Corona-Pandemie sorgte für geschlossene Ausstellungen im ganzen Land und eine Zwangspause von fast zwei Jahren.

Erst nach dieser Unterbrechung konnte ich meinen Weg von einem historischen Ereignis zum nächsten fortsetzen, bevor die Reise vom Urknall bis zum E-Auto auch schon an ihr Ende kam. Man glaubt es kaum, wie schnell 14 Milliarden Jahre vergehen können, wenn man was zu tun hat. Dieses Buch ist eine Zeitreise, die sich auf das Wissen der Museen stützt, die dafür besucht wurden. Wobei schon deren Auswahl schwerfiel, da wir in Deutschland mehr als 7000 davon haben, aus denen ich mich letztlich für zwanzig entscheiden musste. (An dieser Stelle: Tut mir leid, Baumkuchenmuseum, Tapetenmuseum und Currywurstmuseum, aber ihr habt es leider alle nicht geschafft – auch du nicht, Phallusmuseum.)

Aber weil wir einige Milliarden Jahre vor uns haben, sollten wir jetzt nicht länger trödeln, sondern uns endlich auf den Weg machen.

Berlin, Deutschland   Gideon Böss

Inhaltsverzeichnis

Über den Autor

Gideon Böss wurde 1983 in Mannheim geboren und studierte in Mainz und Potsdam Soziologie sowie Erziehungswissenschaften. Er veröffentlichte unter anderem „Deutschland, Deine Götter – Eine Reise zu Tempeln, Kirchen, Hexenhäusern" und „Schatz, wir werden reich (vielleicht) – Ein Paar und 20 Anläufe zum großen Geld".

Er lebt in Berlin, wo er beim Besuch des Naturkundemuseums auf die Idee zu diesem Buch kam.

1

Urknall – Wie alles begann und dann weiterging

Ort: Museum für Naturkunde in Berlin
3 … 2 … 1 … Urknall!

Im Naturkundemuseum in Berlin kann man auf einem Sofa Platz nehmen und zum Urknall runterzählen, wie zum Beginn eines neuen Jahres. Von der Decke schwebt dabei eine weiße Scheibe herab, auf der bei null ein Kosmos erscheint und eine rasante Reise durch die 13,8 Milliarden Jahre beginnt, die uns von jenem Ur-Ereignis trennen. Eine tiefe Erzählstimme überwindet dabei Milliarden von Jahren innerhalb weniger Sätze. Sie erwähnt planetengroße Wirbelstürme, tausendmal hellere Sterne als unsere Sonnen und Licht verschlingende schwarze Löcher. Und doch ist für die Urknall-Touristen, die sich hier auf dem Sofa versammelt haben, nichts so beeindruckend wie der Zoom, der den Film abschließt. Ein Zoom aus dem Universum, auf die Erde, auf Deutschland, auf Berlin, auf das Museum und auf das Sofa. Begeistert wird dem eigenen Ich zugewunken, das sich nun auf der Scheibe zeigt, bevor diese sich verdunkelt und kurz darauf andere Besucher auf dem Sofa Platz nehmen und den Urknall-Countdown runterzählen.

© Der/die Autor(en), exklusiv lizenziert an Springer Fachmedien
Wiesbaden GmbH, ein Teil von Springer Nature 2023
G. Böss, *Vom Urknall bis zum E-Auto*,
https://doi.org/10.1007/978-3-658-42337-7_1

Dafür, dass die Urknall-Theorie heute von den meisten Wissenschaftlern vertreten wird, ist sie noch ziemlich jung. Erst in den 1920er-Jahren kam sie auf und erst seit den 1950er-Jahren hat sie sich weitgehend durchgesetzt. Natürlich hat auch sie ihre Schwachpunkte, so etwa die Frage danach, was *vor* dem Urknall war und wie man sich diesen Zustand vorstellen soll. Auch aus der religiösen Ecke gibt es Kritik, da dort Gott oder Göttern, heiligen Tieren oder belebten Bergen zugesprochen wird, am Anfang von allem zu stehen. Doch längst nicht jeder religiöse Mensch hat seiner Neugierde die Grenzen seines Glaubens auferlegt. Womit wir bei dem belgischen Priester Georges Lemaître wären, der von 1894 bis 1966 lebte, und sich neben seiner theologischen Laufbahn auch einen Namen als Physiker machte. Genaugenommen ist er derjenige, der die Urknall-Theorie als erster geäußert hat, die kurz nach ihm – und ohne Kenntnis seiner Arbeit – auch Edwin Hubble bekanntmachte.

Um zu erfahren, wie alles begann, ist ein Naturkundemuseum ein ziemlich guter Ort. Das in Berlin gehört dabei zu den größten Deutschlands und macht von außen den Eindruck eines dreigeschossigen Gymnasiums, das in einer vornehmen Villa aus dem 19. Jahrhundert untergebracht ist. In seine Fassade sind Porträts und Figuren wichtiger Forscher eingelassen, von denen Alexander von Humboldt der bekannteste sein dürfte. Im Inneren selbst verströmt das Gebäude den Eindruck von Wissen, Gelehrsamkeit und Strenge, der durch die Ruhe der meisten Besucher noch verstärkt wird. Flüsternd laufen sie von Exponat zu Exponat, als wären sie im Tempel einer geräuschempfindlichen Gottheit. Einer Gottheit, die über 120.000 Tonaufnahmen aus der Natur herrscht, über drei Millionen Fossilien, 15 Millionen (tote) Insekten und 257.000 Gläser mit konservierten Fischen und Reptilien.

Doch zurück zum Anfang von allem. Was in den ersten 10^{-35} Sekunden nach dem Urknall passierte, ist nicht restlos geklärt. Laut der Ereigniswand, vor der ich nun stehe, spricht aber einiges dafür, dass es sich um die „Sturm und Drang"-Phase des Universums gehandelt hatte. Fest steht jedenfalls, dass unsere heutigen Naturgesetze damals noch nicht galten, weil sie schlicht noch nicht existierten. Wie kurz 10^{-35} Sekunden sind, ist für uns Menschen nicht nachvollziehbar, da sie ein winziger Teil eines Prozents einer Sekunde sind. Wenn man sich die Erde als eine Sekunde vorstellt, wäre 10^{-35} Sekunden daneben nicht mal so groß wie ein Atomkern. Kurzum, es ist wirklich sehr, sehr, sehr wenig Zeit, wobei speziell diese 10^{-35} Sekunden überhaupt die erste Zeit waren, die in unserem Universum je vergangen sind. Diese kurze Spanne reichte aus, um in einem Raum, den es 10^{-36} Sekunden davor noch nicht gab, Elementarteilchen, Quarks, Photonen, Elektronen und Neutrinos entstehen zu lassen. Zu denen kamen wenige Minuten später (die verglichen mit 10^{-35} Sekunden eine Ewigkeit sind) noch Protonen, Neutronen und Atomrümpfe dazu, bevor das junge Universum schon dazu überging, alles langsamer angehen zu lassen. Laut der Bibel fand Gott nach sechs Tagen, dass seine Arbeit gut war und er nun ausruhen darf, das Universum kam für sich schon nach sechs Minuten zu diesem Entschluss. Im Grunde ist das ein Trend, der bis heute anhält. Das Weltall wird einfach immer arbeitsscheuer, umso älter es wird. Nach 380.000 Jahren entstanden noch Wasserstoff, Deuterium, Helium und Atome, womit der Baukasten des Lebens im Grunde schon vollzählig war. Danach passierte lange nichts mehr, bevor 100 bis 200 Millionen Jahre später die ersten Sterne entstanden und wiederum 300 Millionen Jahre danach eine weitere Neuerung hinzukam: Unfälle. Ganze Galaxien kollidierten miteinander und verschmolzen dabei manchmal zu noch größeren Sternenansammlungen. Aber wirklich innovativ Neues hat das Weltall seit jener ersten Phase nicht mehr hervorgebracht.

Beim Gang durch die Kosmos-Ausstellung fällt ein dunkler Stein auf. Er steht im Eck, wird von allen übersehen und wirkt tatsächlich nicht wie der geborene Besuchermagnet. Er ist weder groß noch schön oder sonst wie ein Blickfang. Nichts an ihm ist außergewöhnlich, könnte man meinen und liegt damit vollkommen falsch. In Wahrheit ist er ein Zeitreisender, der aus Tiefen des Universums gekommen ist, die wir nie kennenlernen werden. Es handelt sich bei ihm um einen vier Milliarden Jahre alten Meteoriten, der ausdrücklich berührt werden darf. Weil es trotzdem niemand macht, mache ich es aus Prinzip. Irgendwer muss ihm ja Respekt zollen.

Nun bin ich schon eine ganze Weile im Museum und habe in dieser Zeit diverse Male den Urknall erlebt und jedes Mal zählte die aktuelle Sofabesetzung den Countdown aufgeregt hinunter. Ich erfuhr viel über Entstehen und Vergehen erster Sonnen und Planeten und über die schier ewige Reise der Kometen und Asteroiden. Nachdem ich auf diese Weise bisher knapp 4,5 Milliarden Jahre vorangekommen bin, wird es nun langsam etwas heimeliger. Die nächste Station in der Ausstellung ist unser Sonnensystem. Auf einer Infotafel heißt es: *„Unser Sonnensystem besteht aus einem Zentralgestirn – der Sonne, die von acht Planeten, einer Reihe von Zwergplaneten und unzähligen Asteroiden umkreist wird. Zu vielen dieser Planeten gehören Monde. Im Erdgeschoss des Treppenhauses präsentieren kreisförmig angeordnete Stelen die wichtigsten astronomischen Eigenschaften dieser Planeten und der Sonne."* Also nichts wie hin, ins Treppenhaus. In der Tat stehen da unsere Planeten nebeneinander aufgereiht wie die Trophäen eines Jägers. Leider werden sie aber von den Besuchern fast so konsequent ignoriert wie der uralte Meteorit in der Ecke. Dabei hat unser Sonnensystem einiges zu bieten, wie ich hier erfahre. Fangen wir mit der Sonne selbst an, dem Fixstern, um den sich die Planeten drehen und der es auf einen Durchmesser von 1,4 Millionnen Kilometer bringt. Ihre Ausmaße sind so gewaltig, dass sie über 99,9 % der Masse des gesamten Sonnensystems in sich vereint. Ihre Temperatur bewegt sich zwischen 4000 Grad an den kühlsten Orten und 15 Millionnen Grad an den heißesten. Unter den Planeten ist Merkur der kleinste und am schnellsten rotierende, der die Sonne in nur 88 Tagen umrundet. Ein Erdenjahr dauert demnach vier Merkurjahre und wer bei uns 20 Jahre alt ist, wäre dort nach unserer Berechnung schon stolze achtzig. Es ist aber aus vielerlei Gründen unwahrscheinlich, dass jemals ein Mensch auf diesem Planeten eine Torte zu seinen Ehren ausbläst. Nicht zuletzt, weil Merkur praktisch keine Atmosphäre hat. Das unterscheidet ihn von Venus, der auch der heißeste aller Planeten ist. Auf ihm kann es Temperaturen von bis zu 497 Grad Celsius geben. Neben einem massiven Treibhauseffekt bietet er auch vulkanische Landschaften und Gebirge und ist der hellste Planet am Nachthimmel. Der dritte Planet in der Reihe ist unsere Erde und er ist im planetaren Ausmaß das, was der Homo sapiens im Tierreich ist: auf den ersten Blick nicht weiter auffällig.

Die Erde ist nur der fünftgrößte (oder drittkleinste) Planet im Sonnensystem, hat weder Ringe noch eine bemerkenswerte Zahl von Monden und ist mit Temperaturen zwischen minus 60 und plus 58 sowie einem Durchschnitt von 15 Grad weder besonders heiß noch kalt. Und doch hat nur dieser Planet komplexes Leben entwickelt. Weiter geht's mit dem Mars, an dem überrascht, dass er uns nicht am nächsten ist – das ist die Venus. Dabei wird er mit großer Selbstverständlichkeit als der Ort angesehen, auf dem die Menschheit ihren zweiten Fußabdruck außerhalb ihrer Heimat hinterlassen möchte. Er hat zwei Monde und ist deutlich kälter als die Erde bei Temperaturen zwischen - 123 und plus 24 Grad und einer durchschnittlichen Temperatur von – 63 Grad, außerdem ist sein anderer Nachbar Jupiter und gigantischste aller Planet, der eintausenddreihundertmal so groß wie die Erde ist. Er bringt es auf die beeindruckende Zahl von 63 Monden und eine Temperatur von bis zu – 150 Grad. Ach so, und er hat keine feste Oberfläche, da er ein Gasplanet ist. Was auch für die anderen äußeren Planeten gilt. Für Saturn mit seinen 56 Monden, Uranus mit 27 und Neptun mit 13. Während die schon erwähnte Venus mit fast 500 Grad den Hitzerekord hält, kommt Neptun auf Durchschnittstemperaturen von – 200 Grad. Was nicht weiter erstaunt, da kein anderer Planet so weit von der Sonne entfernt ist. Überhaupt besteht eine vollkommen falsche Vorstellung von den Entfernungen im Sonnensystem. Schuld daran sind auch die bildlichen Darstellungen der Planeten, wie man sie unter anderem in Schulbüchern findet. Darin folgen die acht Planeten aufeinander, als würden sie eng an eng an der Supermarktkasse anstehen. In Wahrheit sind die Abstände zwischen ihnen aber gigantisch. Merkur und Neptun, und damit den ersten und letzten Planeten im Sonnensystem, trennen fast 4,5 Milliarden Kilometer voneinander. Wie weit sie voneinander entfernt sind, wird auch daran deutlich, dass die Entfernung der Erde zur Sonne nur 150 Millionen Kilometer beträgt – und übrigens auch etwa 4,45 Milliarden Kilometer zum Neptun. Neptun ist aber ohnehin ein einsamer Wanderer, da er selbst vom direkten Nachbarn Uranus 1,6 Milliarden Kilometer entfernt ist. Während diesen von Jupiter fast die gleiche Distanz trennt. Die äußeren Planeten sind gerne allein, während die inneren Planeten im Vergleich dazu beinahe kuschelig zusammenrücken. Dort tummeln sich auf 170 Millionen Kilometer mit Merkur, Venus, Erde und Mars gleich vier Planeten, während der geringste Abstand zwischen zwei äußeren Planeten über 600 Millionen Kilometer beträgt. (Übrigens ist Neptun mit etwa 4,5 Milliarden Kilometer Abstand zur Sonne noch lange keiner der erstaunlichsten Ausreißer, da es sogar Fälle gibt, bei denen zwischen Fixstern und Planet drei Billionen Kilometern liegen.) Um sich die Entfernungen ein wenig besser vorzustellen, folgt hier der aktuelle Sonnensystem-Fahrplan der Deutschen Bahn. Diesen Fahrzeiten liegt zu Grunde, dass die kürzeste mögliche Entfernung gewählt wurde, dass der ICE Tag und Nacht mit gleicher Geschwindigkeit fährt und außerdem, und jetzt kommt der unrealistische Teil, dass die Deutsche Bahn pünktlich am Ziel ankommt. Das alles vorausgesetzt, müssen Sie mit folgenden Reisezeiten von der Erde aus rechnen: zum Merkur 44 Jahre, zur Venus 22 Jahre, zum Mars 45 Jahre, zum Jupiter 358 Jahre, zum Saturn 684 Jahre, zum Uranus 1484 Jahre und zum Neptun 2452 Jahre. Zur Sonne würde unser galaktischer ICE übrigens 85 Jahre brauchen.

Mir fällt beim Blick auf unser Sonnensystem außerdem auf, wie wenig der Name Erde zu den sonstigen Planetennamen passt: Merkur, Venus, Mars, Jupiter, Saturn, Uranus, Neptun…Erde. Hätte man die Erde Uwe, Kevin oder Cindy genannt, würde sie nicht weniger aus dieser Reihe edler Götternamen fallen, als sie es jetzt schon tut. War es wirklich nicht möglich, auch für sie einen Namen aus der griechisch-römischen Mythologie zu finden? Was hätte denn gegen Apollon, dem Gott von Poesie und Pest gesprochen, was die Doppelrolle der Menschheit als Erschaffer und Zerstörer doch ganz gut auf den Punkt gebracht hätte? Von den Planeten in unserem Sonnensystem bietet jedenfalls nur unserer Bedingungen, die Leben ermöglichen. Die anderen sind entweder zu heiß oder zu kalt, haben keine Atmosphäre oder kein Wasser und im Falle der Gasplaneten Jupiter, Saturn, Uranus, Neptun nicht einmal eine feste Oberfläche.

Bevor ich das Museum verlasse, will ich aber noch eine Sache wissen: Wie wird das hier alles eigentlich eines Tages zu Ende gehen? Also wirklich alles, das Universum an sich?

Darüber herrscht noch keine Einigkeit unter den Experten, wie ich erfahre. Was auch daran liegt, dass es noch zu viele Unbekannte gibt. So werden die dunkle Materie und die dunkle Energie noch nicht ausreichend verstanden, um ihre Bedeutung für das Universum zu begreifen, was keine Kleinigkeit ist, da es offenbar deutlich mehr solcher Materie als sichtbare Materie gibt. Neben dem *wann* ist auch das *wie* noch ein Rätsel, wobei vor allem drei Theorien populär sind. Da wäre der „Big Crush", laut dem sich das Universum am Ende seiner scheinbar ewigen Expansion wieder auf einen unvorstellbar winzigen Punkt hin zusammenzieht, aus dem heraus sich womöglich nach einem erneuten Urknall wieder ein Universum ausbreitet. Auf gewisse Weise könnte „Big Crush" darum auch „YoYoversum" genannt werden, da es ein ständiges hin und her von unendlich groß zu unfassbar klein ist und womöglich schon unendlich oft geschehen ist. Theorie 2 wird auch „Big Ripp" oder „Endknall" genannt und besagt, dass sich das Universum immer schneller und schneller ausdehnt, weswegen irgendwann alle Materie in Elementarteilchen zerfallen wird und schließlich ein Vakuum zurückbleibt. Wer es lieber kalt mag, wird jedoch die dritte Theorie, genannt „Big Freeze", bevorzugen, laut dieser das Universum einfriert. Jede Art von Materie versinkt beim absoluten Nullpunkt von − 273,15 Grad in einen unendlichen Schlaf bei ewiger Dunkelheit, da auch die Sterne längst erloschen sein werden. Welche Theorie die richtige ist oder ob sie letztlich alle falsch liegen, ist noch nicht gesagt. Nur so viel ist klar: Egal, welches Ende auf das Universum wartet, es wird noch viel Zeit bis dahin vergehen. Je nach Schätzung viele Milliarden, Billionen oder Trillionen Jahre und nach den großzügigsten Voraussagen sind selbst diese Spannen viel zu kurz gegriffen.

Während das Ende des Universums noch nicht klar ist, steht das meines Museumsbesuchs schon fest. Er kommt jetzt zu seinem Abschluss, womit ich die Milchstraße verlasse, die Asteroiden, das Universum und die gesamte Ausstellung. Hinter mir höre ich noch, wie erneut der Urknall runtergezählt wird. Ich durchquere die Lichthalle mit den Dino-Skeletten, die ich aber ignoriere, weil auf meiner Reise durch Raum und Zeit noch mehrere Milliarden Jahre vergehen müssen, bevor sie auftauchen. Bislang ist ja erst das Sonnensystem entstanden und die Erde hat ihren Platz zwischen Venus und Mars eingenommen. Wie es aber dazu kam, dass auf diesem kleinen Planeten irgendwo im äußeren Drittel der Milchstraße das einzige Leben entstand, von dem wir bislang wissen, möchte ich auf der nächsten Station meiner Reise erfahren. Dafür mache ich mich auf den Weg nach Frankfurt.

2

Planet Erde – Als unser Planet Prügel bezog

Ort: Senckenberg Museum in Frankfurt

Um zu erfahren, wie die Erde entstand und was seitdem passiert ist, reise ich ins Jahr 4,8 Milliarden vor unserer Zeit zurück beziehungsweise nach Frankfurt am Main. Ins Senckenberg Museum, das von zwei Dinosauriern belagert wird, einem T-Rex und einem Diplodocus, und eines der größten Naturkundemuseen Deutschlands ist. Es kann unter anderem mit achtzehn Dino-Skeletten (auch wenn die meisten nur Nachbildungen von Originalen sind), über 1000 präparierte Vögeln, einem Raum voller Wale und einem Steppenzebra aufwarten. Außerdem verfügt es über das wohl stärkste Wappentier, das es gibt: einen Triceratops, also einem Dino mit mächtigem Schädel, drei Hörnern und zehn Metern Länge. Mit zwölf Tonnen Gewicht war er doppelt so schwer wie das schwerste heute lebende Landtier, das Flusspferd. Nichts gegen all die Adler, Löwen und Pferde, die weltweit gerne im Wappen geführt werden, aber gegen den tonnenschweren Paten vom Senckenberg Museum hätten sie alle keine Chance.

G. Böss, *Vom Urknall bis zum E-Auto*,
https://doi.org/10.1007/978-3-658-42337-7_2

Der Kreißsaal unseres Planeten, wegen dem ich heute hier bin, befindet sich in Bereich 15. Historische Geologie und ist im wortwörtlich letzten Raum untergebracht. Ich weiß nicht, ob das Absicht war oder nicht, aber es passt von der Botschaft her: weiter zurück geht es nicht. Hier hat alles angefangen. Wobei, genau genommen hat auf der Erde ziemlich lange gar nichts angefangen. Das Universum gab es immerhin schon seit 9,3 Milliarden Jahren, bevor unser Planet entstand. Eine Schautafel erläutert, wie sich solare Nebel und erste feste Materie in einem Prozess, der Milliarden Jahre dauerte, zu unserer Erde verfestigten. Es folgten turbulente Zeiten mit Vulkanausbrüchen, Flutwellen und Asteroideneinschlägen, denen wir offenbar unseren Mond verdanken, der aus Teilen der Erdkruste und eines Himmelskörpers von der Größe des Mars besteht, der einst auf der Erde einschlug. Die Trümmer dieses Treffers blieben in der Anziehungskraft des lädierten Planeten gefangen und formten sich dort zu ihrem heutigen Aussehen.

Diese erste erdgeschichtliche Phase ist zugleich die längste und umfasst mit 2,1 Milliarden. Jahren beinahe die Hälfte der Zeit, die es unseren Planeten überhaupt gibt. Die ältesten Zeugnisse aus jener Epoche sind dabei Gesteine, die es auf 3,8 Milliarden Jahre bringen. Ebenso alt ist auch die Plattentektonik, die für die Bewegung der Erdplatten verantwortlich ist. Ein Phänomen, das die Wissenschaft lange Zeit vor ein schier unlösbares Rätsel gestellt hat. Wie konnten die gleichen Fossilien in verschiedenen Gegenden der Welt auftauchen, die keinerlei Verbindung zueinander hatten. Lange gab es darauf keine nachvollziehbare Erklärung und als es endlich eine gab, wurde sie von den führenden Geologen ihrer Zeit so erfolgreich lächerlich gemacht, dass sie über Jahrzehnte hinweg erfolgreich ignoriert wurde. Alfred Wegener hieß der Mann, der sie 1912 in einem Vortrag bekanntmachte, den er übrigens nicht irgendwo hielt, sondern im Senckenberg Museum. Er argumentierte, dass es vor langer Zeit einen einzigen Kontinent gegeben haben muss, den er Pangäa nannte, und legte für diese Vermutung zahlreiche Belege vor. Dieser Kontinent zerbrach irgendwann in mehrere Einzelteile und diese sind seitdem in Bewegung (und waren es auch schon vor der Vereinigung zu Pangäa), was die Fossilienfunde an den verschiedensten Orten auf der Welt erklärt. Wegener hatte zwar recht, doch konnte er nicht erklären, *wie* die Bewegung der Kontinente möglich war. Auf diese Schwachstelle hatten sich seine Kritiker gestürzt, wenn sie es nicht ohnehin für ausreichend hielten, dem ausgebildeten Meteorologen vorzuhalten, kein Geologe zu sein, was ihn in ihren Augen offenbar schon ausreichend verdächtig machte.

So dauerte es noch bis in die 1960er-Jahre hinein, bevor mit dem Modell der Plattentektonik die Richtigkeit von Wegeners Vermutung bestätigt wurde. Er selbst erlebte das nicht mehr, er starb schon 1930 bei einer Grönland-Expedition. Heute ehrt das Museum ihn mit einem kleinen Raum, über dem ein Schild hängt: *„Die Entdeckung des Herrn Wegener".* Die größte Ehrung wurde jedoch Christian Senckenberg zuteil. Er ist Namensgeber, aber nicht Gründer, des Museums und lebte von 1707 bis 1772 als Arzt und Philanthrop in Frankfurt. Während er beruflich Erfolge feiern konnte, wurde sein Privatleben von vielen Schicksalsschlägen überschattet. Seine erste Frau starb am Kindbettfieber, seine zweite an Tuberkulose und die dritte Ehe harmonierte so wenig, dass sie nach zwei Jahren geschieden wurde. Auch seine Tochter und sein Sohn verstarben als Kinder, was tragisch ist, aber auf makabre Weise für die Allgemeinheit einen Glücksfall darstellte. Aus „Ermangelung ehelicher Leibeserben" gründete Senckenberg mit seinem Vermögen nämlich eine Stiftung, die sich für eine bessere medizinische Versorgung der Ärmsten einsetzte. Zu diesem Zweck ließ er auch ein Krankenhaus bauen und es gehört sicherlich zu den unbegreiflichen Launen des Schicksals, dass Senckenberg ausgerechnet dort den Tod fand, als er bei einer Besichtigung vom Gerüst stürzte.

Und damit zurück in das hinterste Eck der Geologie-Ausstellung und dort in ein Erdzeitalter, in dem er nun immerhin schon Gestein und die Plattentektonik gibt. Das ist ein gutes Zeichen und es wird noch besser, denn nach den ersten eine Milliarde ruppigen Jahren stabilisieren sich die Verhältnisse langsam. Es entstehen eine Atmosphäre und eine Ozonschicht und vor 3,5 Milliardenrd. Jahren geschieht schließlich etwas Entscheidendes: Einzeller bewohnen den Ozean. Aus dem blauen Planeten wird ein belebter Planet. Allerdings sollten von diesen ersten Lebewesen niemand Wunderdinge erwarten. Sie waren selbst für Einzeller ziemlich primitiv, da sie keinen Zellkern besaßen. Achthundert Millionen Jahre später präsentierte die Evolution dann ihre nächste Errungenschaft: Mehrzeller! Auch noch ohne Zellkerne. Die kommen erst 600 Millionen Jahre später und damit vor 2,1 Milliarden Jahren im Erdzeitalter Proterozoikum auf. Weitere 1,4 Milliarden Jahre vergehen danach, bevor das Karussell des Lebens endgültig Fahrt aufnimmt.

Ab dem Kambrium gibt es eine relevante Zahl von Fossilien, die im Museum hinter einer Glasscheibe ausgestellt sind, als handelt es sich um wertvollen Schmuck beim Juwelier. Nachdem die Evolution es in den ersten knapp drei Milliarden Jahren eher gemächlich angehen ließ, änderte sich die Geschwindigkeit jetzt spürbar. Die Fauna bringt Schalen, Panzer und Skelette hervor und das dominierende Tier ist der Trilobit, der mit sechzig Prozent die absolute Mehrheit aller Lebewesen stellte. Außerdem sah die Weltkarte vor 545 Millionen Jahren vollkommen anders aus als heute. Mitteleuropa lag dicht am Südpol, die Antarktis dafür am Äquator und die meisten anderen späteren Kontinente gehörten zum Großkontinent Gondwana. Mit dem Kambrium gehen die Erdzeitalter außerdem in eine neue Phase über. Während die ersten beiden Epochen des Lebens noch jeweils knapp zwei Milliarden Jahre dauerten, ist dieses (nach geologischen Maßstäben) schon nach kurzen fünfzig Millionen Jahren vorbei. Im Ordovizium, das sich ebenfalls mit 45 Millionen Jahren bescheiden muss, bringen es die wirbellosen Meerestiere auf eine immer größere Artenvielfalt, während bei den Wirbeltieren die kieferlosen Fische das Maß aller Dinge sind. Doch ist die kieferorthopädische Situation der Fische trotzdem nicht *das* epochale Ereignis. Dieses ist stattdessen eines der gefährlichsten Abenteuer, auf das sich das Leben auf dieser Welt je eingelassen hat: die Eroberung des Landes. Drei Milliarden Jahre lang hat sich das Leben im Wasser abgespielt (wenn wir die Mikroorganismen mal ignorant übergehen wollen). Das ist jetzt vorbei. Wir alle haben dabei spontan die Vorstellung eines frosch- oder wurmhaften Wesens vor Augen, das sich dem Strand nähert und noch ein letztes Mal innehält, bevor der entscheidende letzte beziehungsweise erste Schritt getan ist. In Wahrheit lief es aber ganz anders ab. Die Frösche und Würmer kamen erst nach, als die ganze Arbeit längst erledigt war. Erobert wurde das Land nämlich nicht von den Tieren, sondern den Pflanzen. Den dramatischen Moment, als das Leben aus dem Wasser stieg, muss man sich also eher wie Unkraut vorstellen, das ans Ufer geschwemmt wird.

Im Silur-Zeitalter, das vor 445 Millionen Jahren begann und dreißig Millionen Jahre umfasst, bekommt der kieferlose Fisch Konkurrenz durch den Kieferfisch, was jetzt eigentlich niemanden wundern sollte. Seeskorpione erreichen Ausmaße von zwei Metern und die Eroberung des Festlandes geht immer schneller voran. Im Devon, das vor 415 Millionen Jahren begann und sechzig Millionen Jahre dauerte, kommt es endgültig zur Masseneinwanderung aus dem Wasser. Aber auch in den Ozeanen blüht jetzt das Leben. Erste Haie, Quastenflosser und Amphibien werden gesichtet, es gibt Süßwasserfische und (noch ungeflügelte) Insekten, Spinnen und Milben. Im Reich der Pflanzen tut sich auch Einiges. Gefäßpflanzen, Schachtelhalme, Ur-Bärlappen, Ur-Farne und Ur-Samenpflanzen wachsen um die Wette. War die Fauna zu Anfang dieses Erdzeitalters noch bescheiden und bodenorientiert, sieht sein Ende selbstbewusste Bäume dreißig Meter in die Höhe ragen. Damit etablierte sich vor 355 Millionen Jahren ein neues Ökosystem, das bis heute den größten Artenreichtum der Welt beherbergt: der Wald. Obwohl Pflanzen also die wahren Eroberer der Erde sind, stehen sie bis heute im Schatten der Tiere. Das liegt vor allem daran, dass sie nicht brüllend auf die Jagd gehen können oder sich anmutig in die Lüfte erheben. Sie stehen nur da und wiegen sich im Wind. Vielleicht ist das der Grund, warum nicht einmal das Devon, das für die Pflanzen an Land eine goldene Epoche darstellte (da es noch keine großen Pflanzenfresser gab), als „Zeitalter der Pflanzen" bezeichnet wird, sondern als „Zeitalter der Fische". Selbst Gräten haben mehr Fans als Halme!

Im Karbon, der vor 355 Millionen Jahren begann und 65 Millionen Jahre andauerte, breiten sich Knorpel- und Knochenfische aus, während sich an Land aus den Amphibien die Reptilien entwickeln, die für die Fortpflanzung nicht mehr auf Gewässer angewiesen sind. Wälder und dichtes Grasland prägen die Landschaft, während das Leben in das Zeitalter evolutionärer Großprojekte eintritt. Wer in der Zeitmaschine dorthin reisen würde, könnte sich die Fliegenklatsche gleich sparen, da die Flügelspannweite der Insekten damals die menschlicher Arme erreichte. Ein Tropenhut wäre hingegen Pflicht, denn die Welt des Karbons war eine der dampfenden Sumpflandschaften, in denen Wasser und Land fließend ineinander übergingen. Auch unsere eigenen Urrur-Vorfahren setzten im Karbon ein erstes blasses Ausrufezeichen. Was sich auf der Schautafel des Museums so liest: *„Älteste säugetierartige Reptilien entstehen."* Immerhin. Weiter geht es im Perm, das vor

290 Millionen Jahre begann und 40 Millionen Jahre umfasste. In dieser Zeit verkleinern sich viele Tiere wieder, um ihre Überlebenschancen zu erhöhen. Der Tausendfüßler hatte die Zeichen der Zeit früh erkannt und seine Ausmaße von zwei Metern Länge Stück um Stück auf seine heutigen Maße geschrumpft. Seinen vorherigen Riesenwuchs hatte er sich zugelegt, als es an Land keine Feinde gab, als aber immer mehr Zähne und Klauen auftauchten, gab es entsprechend auch immer mehr Gründe, besser nicht mehr so aufzufallen. Im Perm tauchen auch erstmals Süßwasserhaie, Stachelhaie und Schildkröten auf, während die Pflanzenwelt Nadelwälder hervorbringt und Vorformen der Blütenpflanzen, die hunderte von Millionen Jahre später für menschliche Kulturen, für Schriftsteller und den Valentinstag einen unschätzbaren Wert haben werden. Wie klug die Pflanzen ihre Karten ausgespielt haben, wird zum Ende des Perms deutlich. Wären sie knapp 200 Millionen Jahre früher nicht an Land gegangen, hätte es sie nun übel erwischt, da 90 % aller Wasserbewohner ausgelöscht werden. Stattdessen hatten sie ihre Wurzeln längst sicher und tief ins Erdreich geschlagen, während in den tosenden Wellen ganze Welten untergehen. Das prominenteste Opfer sind dabei die Trilobiten. Jene Stars längst vergangener Kambrium-Tage, als sie mehr als die Hälfte aller Lebewesen stellten. Was von ihnen blieb, sind viele Fossilien in Museen und immerhin drei Gemeinden, die Trilobiten im Wappen führen – eine in Spanien und gleich zwei in Tschechien.

Und nun ist es so weit. Wir schreiben das Jahr 250 Millionen vor Christus und die Herrschaft der Dinosaurier bricht an, die im Jura, das vor 205 Millionen Jahren begann und sechzig Millionen Jahre dauerte, ihre größte Artenvielfalt erreichten. Auch am Himmel gab es plötzlich noch mehr zu bestaunen als nur Wolken. Vögel und Flugsaurier erobern die Lüfte, während unsere Säugetiervorfahren weiterhin lieber klein und unsichtbar bleiben. Das dürfte eine kluge Strategie in dieser Welt tonnenschwerer Riesenechsen gewesen sein, in der auch der Himmel zum Feind geworden ist, seit von oben jederzeit Schnäbel und Klauen auf ihre Opfer herabsausen könnten. Eigentlich sind das tolle Zeiten für die Dinosaurier, die sich damals den Titel „größte Landtiere" verdienten, den sie bis heute innehaben. Doch es gab ein Detail, das den Gesamteindruck etwas eintrübt: das gesamte Jura-Zeitalter hindurch gab es ununterbrochen Überflutungen und Regenfälle. Man sollte sich die Herrschaft der Dinos also weniger wie in einem Disneyfilm vorstellen, wo die Urzeit-Herrscher würdevoll durch Landschaften streifen, die sich von unseren kaum unterscheiden. Viel mehr haben sie wohl die meiste Zeit erkältet unter Bäumen gestanden und gewartet, bis dieser elende Regen endlich mal aufhört. In der Kreidezeit (145–65 Millionen Jahre vor heute) tauchen die ersten richtigen Blütenpflanzen auf. Die Erde ist somit um einige sehr angenehme Geruchsnoten reicher. Außerdem zeigt die Evolution, dass jedes Angebot auch eine Nachfrage weckt, weswegen es zu den Insekten nun auch Tiere gibt, die sich auf das Fressen von Insekten spezialisiert haben. Damit beginnt für sie nach etwa 300 Millionen seligen Jahren der harte Überlebenskampf. Auch das dürfte ein Grund dafür sein, warum die selbstbewusst-protzigen Ausmaße früherer Zeiten der Vergangenheit angehören und keine Insekten mehr mit 70 cm langen Flügelspannweiten durch die Sümpfe zischen. Besser mal kein zu auffälliges Ziel abgeben. Während die einen sich in Sicherheit schrumpften, erreichten andere neue Rekordgrößen. So segelten Flugsaurier nun mit Flügelspannweiten von majestätischen zwölf Metern über den Himmel.

Am Ende der Kreidezeit steht schließlich ein Abschied, der die Menschheit mehr bewegt als all die anderen Abschiede, von denen die Evolution reichlich anzubieten hat:

die Dinosaurier sterben aus. Sie hatten 140 Millionen Jahre schlechtes Wetter, bevor ein Asteroid ihnen ein Ende setzte. (Übrigens auch den Kopffüßlergruppen, Ammoniten, Belemiten, Ichthosaurieren, Plesiosauriern und Pterosauriern. Letztere drei klingen zwar wie Dinosaurier-Arten, waren aber keine.) Zwar verließen die Dinosaurier unsere Welt, aber es gab damals nicht nur Verlierer. So erlebten die Seeigel eine Blütezeit, was auch immer das in ihrem Fall heißen mag, und ebenso die Einzeller – was nun endgültig die Vorstellungskraft sprengt. Was für eine Blütezeit können Einzeller erleben? Und wie kann das primitivste Lebewesen über fünf Milliarden Jahre nach seinem Entstehen irgendwelche neuen Triumphe feiern, ohne dass es sich auch nur um eine Zelle verändert hat? All das wirkt ein wenig rätselhaft, aber vielleicht sollte man diesen Einzellern einfach gratulieren und diesen erstaunlichen Erfolg nicht weiter hinterfragen.

Mit dem Tertiär begann die letzte lange Epoche vor unserer Zeit, die vor 65 Millionen Jahren anfing und 63,4 Millionen Jahre dauerte. Die Kontinente hatten schon beinahe ihre heutige Position erreicht, wobei Mittel- und Nordamerika noch keine Verbindung hatten und auch Indien sich erst noch in seine jetzige Position schieben musste. Die Lücke, die die Flugsaurier hinterließen, füllen die Vögel, die plötzlich den Himmel ganz für sich allein hatten und an Arten und Anzahl enorm zunahmen. Doch es häufen sich auch die Erfolgsmeldungen der Säugetiere. In den Meeren gibt es jetzt Wale und Seekühe und bei den Primaten entstehen erste Hominiden-Arten. Sie durchstreiften Savannen und Steppen und hinterließen Steinwerkzeuge, die bis zu 2,5 Millionen Jahre alt sind. Gleichzeitig nähert sich die Vegetation zunehmend ihrem heutigen Aussehen an. Im Quartär (1,6 Millionen Jahre vor unserer Zeit) treten immer mehr Menschenarten auf. Der Homo Erectus, der Homo

Neanderthalensis und schließlich auch wir, der Homo Sapiens. Das ist für uns erfreulich, aber für den Rest der Natur offenbar mehr wie ein Asteroideneinschlag in Zeitlupe und auf zwei Beinen. Die Verheerungen passieren nicht schlagartig, sondern langsam, aber unaufhaltsam, wie etwa in Mitteleuropa. Hier lebten einst Waldelefanten, Waldnashörner, Flusspferde, Wasserbüffel und Makaken, außerdem Wollhaarnashörner, Saiga-Antilopen, Rentiere und Moschusochsen sowie Mammuts, Riesenhirsche und Steppenwisente. All diese Tierarten überlebten die Begegnung mit dem Menschen nicht. Vermutlich ist unser Aufstieg für keine andere Tierart ein Segen – außer natürlich für die Hunde, diesen Nachfahren opportunistischer Wölfe. Aber sei es wie es ist, der Mensch besiedelte Mitteleuropa erstmals vor einer Million Jahren und vor etwa 30.000 Jahren verschwand mit dem Neandertaler die letzte andere Menschenart. Seitdem sind wir allein auf der Welt, die vor 11.700 Jahren ins Holozän eingetreten ist und damit in unser Zeitalter.

Was fällt beim Spaziergang durch die Jahrmilliarden unseres Planeten sonst noch auf? Vor allem die Wanderlust der Kontinente. Auch wenn sie uns als Ausbund an Beständigkeit vorkommen, sind sie permanent in Bewegung und haben in den etwa drei Milliarden Jahren seit ihrer Entstehung die Erde vielfach umrundet. Sie denken auch nicht daran, diese Reiseaktivitäten einzustellen. Allerdings sollte dabei nicht vergessen werden, wie unendlich langsam das alles vonstattengeht. Wenn ein Mensch das biblische Alter von hundert Jahren erreicht, hat sich die Entfernung zwischen Europa und Nordamerika in dieser langen Lebensspanne gerade mal um zwei bis drei Meter verschoben. Das ist nicht viel und für Zeitgenossen nicht feststellbar. Wenn nun aber diese Geschwindigkeit mit dem Faktor Zeit verbunden wird, wird schnell klar, warum die Kontinente in geologischen Maßstäben ständig in Bewegung sind. Bei einer Geschwindigkeit von drei Metern in hundert Jahren ergibt das beispielsweise in 50 Millionen Jahren eine Distanz von 150.000 Kilometern, was für dreieinhalb Erdumrundungen reichen würde. Kontinente sind also wahre Weltenbummler, die uns durch ihre schiere Langsamkeit geschickt über ihre Leidenschaft hinwegtäuschen.

Damit bin ich am Ausgang der Ausstellung angekommen und verlasse das Museum, in dem ich gerade durch 4,5 Milliarden Jahre Erdgeschichte gewandert bin. Auf dem Weg zum Ausgang, vor dem weiterhin die beiden Dinos warten, steht auch schon die nächste Station meiner Reise fest. Ich will mehr über die erfahren, die als erste das Festland erobert haben. Ich will zu den Pflanzen und dafür geht es nach Berlin in den Botanischen Garten.

3

Pflanzen – Die unterschätzten Eroberer

Ort: Botanischer Garten und Botanisches Museum in Berlin

Heute bin ich im Botanischen Garten Berlin. Hier dreht sich alles um Pflanzen, also um jenen Teil der Natur, den die meisten nur als Kulisse der Tierwelt sehen. Der Botanische Garten verfügt über etwa 20.000 Pflanzenarten sowie einen ausgedehnten Außenbereich für verschiedene Klimazonen der Welt. Wer will, kann auf diese Weise innerhalb von Minuten aus Europa, über Asien bis nach Amerika wandern und dabei die Flora der Alpen, des Himalaya oder der amerikanischen Prärie vergleichen. Einen ersten Vorläufer des Botanischen Gartens gab es schon 1573 in Form der Pflanzensammlung, die ein Hofgärtner mit dem prachtvollen Namen Desiderius Corbianus angelegt hatte. Knapp hundert Jahre später folgte 1679 ein Hopfengarten, der 1809 der Universität unterstellt wurde und nach einem Umzug weitere knapp hundert Jahre später am heutigen Platz für die Besucher eröffnete.

© Der/die Autor(en), exklusiv lizenziert an Springer Fachmedien Wiesbaden GmbH, ein Teil von Springer Nature 2023
G. Böss, *Vom Urknall bis zum E-Auto*,
https://doi.org/10.1007/978-3-658-42337-7_3

Auch wenn die Geschichte dieses Ortes spannend ist, interessiert mich heute vor allem die seiner florahaften Bewohner, weswegen ich geradewegs auf ein Gebäude zueile, das auf einem Hügel thront wie eine Mischung aus Märchenschloss und Zeppelinfabrik. Es leuchtet in gelben und orangenen Lichtern und wirkt zugleich massiv und zerbrechlich, da es ganz aus Glas besteht. Bei diesem Gebäude handelt es sich um das große Gewächshaus, wo all die Pflanzen zu sehen sind, denen es im kühlen Mitteleuropa zu kalt ist. Hier dominieren die Vertreter aus den Tropen, aus Afrika und Australien. Der Rundgang im Gewächshaus beginnt aber erst mal in einer Höhle voller Aquarien, wo auch gleich klar wird, dass sich die Pflanzen mit großer Eindeutigkeit für das Festland entschieden haben. Von den 300.000 Farn- und Blütenpflanzenarten können gerade mal sechstausend im Süßwasser leben und nur knapp sechzig im Salzwasser. Was jedoch nicht heißt, dass ihre Rolle in den Gewässern und Ozeanen unbedeutend wäre. So spielen sie eine wichtige Rolle als „Zement der Meere", da sie den Meeresboden stabilisieren, worin sich vor allem Seegraswiesen, Korallenriffe und Mangrovenwälder hervortun, die allesamt nie den radikalen Schritt aus dem Wasser mitgemacht hatten. Gleichzeitig leisten sie natürlich auch noch das, was Pflanzen seit jeher leisten: Lebensraum und Nahrung für zahllose Tiere bieten.

Bald darauf erreiche ich die Treppe ins eigentliche Gewächshaus. Lautlos öffnet sie sich und sofort hüllt mich schwül-feuchte Luft ein. Ich bin in den Tropen. Irgendwo zwischen dem dichten Blätterwerk der schlanken Bäume plätschert ein Wasserfall, der in einen Teich mit Kois stürzt. Wenn die angelegten Wege nicht wären und die Infotafeln, könnte ich mir wirklich einbilden, irgendwo im Urwald zu sein. Da hier im Tropenhaus die Fauna Afrikas und die Südamerikas nur wenige Schritte trennen, schiebt sich jetzt ein auffällig schmaler Baum in mein Blickfeld, auf dem sich eine erstaunlich wehrhafte Partnerschaft etabliert hat: Baum und Ameise gegen den Rest der Welt! Überall auf und in diesem Baum leben Ameisen, die ihn gegen jeden Angreifer verteidigen. Selbst Lianen werden attackiert und abgewehrt. Als Gegenleistung bietet der Baum den Ameisen eine sichere Heimat, in der sie sogar Schildläuse ansiedeln können, die sie „melken", um an ihren Honigtau zu kommen.

Wobei aber die Pflanzen, die am ehesten für etwas Nervenkitzel sorgen könnten, in einem Seitenarm des Gewächshauses untergebracht sind. Es handelt sich um die „Tierfangenden Pflanzen und Pflanzen der Südhemisphäre", besser bekannt unter dem reißerischeren Namen „fleischfressende Pflanzen". Doch auch dieser Name hilft wenig, um den Realitätsschock zu verkraften. Was bei ihnen nämlich sofort auffällt, ist ihre Größe. Sie sind erstaunlich klein und würden auf keinem Fenstersims weiter auffallen. Es gibt mindestens hundertzwanzig Arten an fleischfressenden Pflanzen, die allesamt nur in tropischen Regionen vorkommen und sich vor allem von Insekten ernähren. In größeren Exemplaren wurden zwar schon Überreste von Nagetieren und sogar kleine Affen gefunden, aber die Forscher vermuten, dass diese wohl schon tot in die Pflanzen gestürzt waren und von diesen nicht erst in einem dramatischen Duell niedergerungen wurden. Bei den fleischfressenden Pflanzen ist wieder der schier grenzenlose Einfallsreichtum erkennbar, der die Evolution auszeichnet. Allein schon die Auswahl an Tötungsmechanismen ist erstaunlich. Da wäre die klassische Klebefalle, bei der die Beute durch Duftstoffe angelockt wird und daneben die Klappfalle, die wie eine lautlose Mausefalle funktioniert, während bei der Gleitfalle die Beute an der glatten Oberfläche abrutscht und im Kessel ertrinkt. Noch tückischer ist die Reusenfalle, bei der die Beute in ein schlauchförmiges Blatt gelockt wird (natürlich durch Duftstoff, es sind immer Duftstoffe) und ein Rückweg durch die nach innen gerichteten Borstenhaare unmöglich ist, wobei aber das wahre

Meisterwerk des Tötens die Saugfalle ist, die, wie es der Name schon vermuten lässt, die Beute schlicht ins Innere der Pflanze saugt.

Wer den Bereich „Tierfangende Pflanzen" mit all seinen raffinierten Jagdmethoden darum besser weiträumig umfliegen sollte, sind die Insekten. Für sie bietet sich die Halle „Pflanzen der feuchten Tropen" besser an, wo sie gefahrlos umherschwirren können. Brücken führen hier zwischen Farngewächsen entlang, die von Knie- bis Fünfmeterturmhoch die gesamte Bandbreite abdecken. Die Tropenflora zeigt vor allem an den künstlichen Felswänden, was sie draufhat, und breitet sich in verschiedensten Formen aus. Manche Pflanzen stehen wie Enterbrücken vom Felsen ab, andere lassen ihr Blätterkleid vom Felsrand bis zum Boden fallen, als wären sie Rapunzel und wieder andere wachsen trotzig nur an einer einzigen winzigen Stelle, die oft nicht größer als ein Blatt Papier ist. In diesem Gewächshausbereich geht es auch um die Leitwährung im Dschungel: Licht! Alle versuchen, so viel davon abzubekommen wie möglich. Besonders erfolgreich stellen sich dabei die Lianen an, die mit großer Geschwindigkeit an Bäumen hinaufwachsen können und dafür auf Blätter und andere Vorrichtungen verzichten, die sie beim Aufstieg behindern würden. Von der bloßen Länge her überragen sie zum Teil sogar die höchsten Bäume und erreichen Ausmaße von bis zu hundertfünfzig Meter ... Wobei die Schnelligkeit natürlich nicht viel bringt, wenn alle anderen auch schnell sind. Wenn jeder Usain Bolt ist, ist niemand Usain Bolt. So werden auf tropischen Bäumen zum Teil fünfundsiebzig verschiedene Lianenarten gezählt.

Ich ziehe weiter und lande als nächstes bei den Palmfarnen. Im Botanischen Garten werden sie auch als „Dinofutter" bezeichnet, was eine gewisse Vorstellung davon gibt, wie alt sie sind. Sie gehören zu den Lebewesen, für die der

Begriff „lebende Fossilien" geprägt wurde, weil es sie zwar seit hunderten Millionen Jahren gibt, sie sich aber in all der Zeit praktisch nicht verändert haben. Wer einen vor 200 Millionen Jahren in Bernstein eingeschlossenen Palmfarn betrachtet, betrachtet einen heutigen Palmfarn. Seit Urzeiten gehören sie demnach zum vertrauten Anblick in Tropen und Subtropen, und doch gibt es selbst unter ihnen einige Fortschrittsfreunde, von denen die bewährte Windbestäubung durch Insektenbestäubung ersetzt wurde. Ob sie damit ebenso lange durchkommen wie ihre konservativen Artgenossen, ist aber unwahrscheinlich, da es Wind auch dann noch geben wird, wenn auf diesem Planeten längst das Summen der letzten Insekten verklungen ist. Die Farne sind aber nicht die einzigen Bewohner hier, die schon als „Dinofutter" herhalten mussten. Der andere Methusalem ist das Moos. Moose sind genügsame Allesbewachser und gehören mit vierhundert Millionen Jahren zu den ältesten Landpflanzen überhaupt – wobei Botaniker mit Altersangaben offenbar recht großzügig umgehen, denn später lese ich auf einer Infotafel im Außenbereich, dass es sie seit „300 Millionen Jahren" gibt, was auch beeindruckend viel ist, aber eben doch ein Unterschied von 100 Millionen Jahren. Wo sich wieder alle einig sind, ist hingegen in der Widerstands- und Anpassungsfähigkeit der Moose, die in fast allen Klimazonen und extremen Lebensräumen vorkommen. Wasser, Steine, Felsen, Wiesen, Wüsten, Moore und Höhlen sind nur einige davon. Auch die reinen Zahlen beeindrucken: es gibt 16.000 Arten, davon 1700 in Europa und 1000 in Deutschland.

Da gerade die Dinosaurier erwähnt wurden, ist das vielleicht die richtige Gelegenheit, um noch mal die schiere Bedeutung der Pflanzen für das Leben auf der Welt zu betonen. Pflanzen sind die Handwerker gewesen, die unser Haus Erde geschaffen haben – gut, die Bakterien haben das

Fundament gelegt und sind auch sonst absolut unersetzbar, aber hier soll es nun um die Pflanzen gehen. Nicht nur hätte es ohne sie kein Leben an Land gegeben, sondern überhaupt kein Leben. Zumindest nicht in der Art, wie wir es heute kennen. Durch die Photosynthese produzierten sie Sauerstoff und damit das chemische Element, von dem alle heutigen Tiere abhängig sind. Allerdings kann dieses Verdienst der Pflanzenwelt nur unter Vorbehalte zuerkannt werden, da es ursprünglich von Algen ausging, die nur als *pflanzenartige* Lebewesen gelten und zu diesen in etwa steht wie ein Dreirad zum Lkw. Die Algen jedenfalls haben vor 2,5 Milliarden Jahren diese Veränderung der Atmosphäre bewirkt. Die ersten eindeutigen Pflanzen ließen sich danach noch über eine Milliarde Jahre Zeit, bevor sie zum ersten Mal auftauchten. Tiere wiederum rennen, krabbeln, klettern und fliegen sogar erst seit jugendlichen 560 Millionen Jahren auf diesem Planeten herum und sind damit geradezu junge Gäste einer Welt, die von den Pflanzen eingerichtet wurde. Mit hoher Wahrscheinlichkeit wird es diese Flora auch noch geben, lange nachdem die Fauna wieder ausgestorben ist – wer aber definitiv noch da sein wird, wenn schließlich auch die Flora verblüht ist, sind Bakterien. Sie waren das erste Leben auf der Welt und werden mit Sicherheit auch das letzte sein und bewohnen diesen Planeten nun schon seit 3,7 Milliarden Jahren. Damit geht es in den einzigen Bereich des Tropenhauses, in dem man sich die „Bitte nicht berühren"-Schilder eigentlich hätte sparen können. Wer hier etwas berührt, ist selbst schuld. Vor mir ragen die stacheligen Kakteen der miteinander verbundenen Bereiche „Kakteen und andere sukkulente Pflanzen Amerikas" und „Sukkulente Pflanzen Afrikas" auf. Hier ist es weder schwül noch feucht oder kalt, sondern ziemlich trocken. Die feuchten Böden der anderen Klimazonen sind in diesem Teil des Gewächshauses durch Steine und Sand ersetzt. An den Kakteen erstaunt ihre Vielfalt. Es gibt sie in vielen Formen, Farben und Größen. Manche sind grün und erinnern an Gurken, andere sind blau und ragen kerzengerade in die Höhe und wieder andere sehen aus wie platt gedrückte Blätter oder sogar unscheinbare Topfpflanzen. Doch der Gurkentypus dominiert eindeutig – und sie alle haben Stacheln. Nachdem ich noch lese, dass die meisten Kakteen gar nicht in der Wüste leben, sondern in Halbwüsten, verlasse ich das Gewächshaus, das vierzehn Klimazonen unter seinem Glasdach vereint hat.

Im Außenbereich stoßen Besucher dann auf eine Besonderheit, die in anderen Museen nur unter dem Bruch geltender Gesetze und Moralvorstellungen möglich wäre. Dort sind nicht weniger als drei ehemalige Direktoren des Botanischen Gartens – sowie drei weitere Personen mit Fauna-Hintergrund – begraben, was auch ein untrüglicher Beleg dafür ist, dass sie mit Leib und Seele an diesem Pflanzenparadies hingen. Bevor ich das Gelände verlasse, besuche ich noch das Botanische Museum, in dem erneut die graue Eminenz des Planeten gewürdigt wird: die Alge. Nichts gegen die drei- bis vierhundert Millionen Jahre alten Moose und Farne, aber Algen bringen es auf mehr als zwei Milliarden Jahre. Sie beherrschten, wie schon erwähnt, als erste eine Form der Photosynthese und sind es, die bis heute am meisten davon produzieren – und eben nicht die Wälder, auch wenn Naturschützer immer Fotos der Tropen zeigen. Dabei müssten sie eigentlich schwabbelige Algenteppiche als Motiv wählen, aber die sind eben nicht so fotogen. Durch Symbiosen mit anderen Lebewesen entwickelten sich immer komplexere Algen … wobei das vielleicht zu spektakulär klingt, denn eigentlich ist ihr Erfolgsgeheimnis, dass sie es mit den Veränderungen und Experimenten nie übertrieben haben. Ihre erste und dauerhafteste Gemeinschaft entstand vor 1,5 Milliarden Jahren. Damals hatte ein

Einzeller Hunger und verspeiste kurzerhand eine Alge. Doch aus einem Grund, über den wir heute nur noch spekulieren können, verdaute er sie nicht, wie es eigentlich hätte passieren sollen. Stattdessen ernährte er sich vom Zucker, den die Alge abgab. So entstand eine der ältesten bekannten Symbiosen, die sich noch dazu als überaus erfolgreich herausstellte, denn bis heute haben die daraus hervorgegangenen komplexen Algen einen prägenden Einfluss auf das Weltklima.

Damit geht mein Besuch im Botanischen Garten zu Enden. Auch wenn wir eigentlich überall um uns herum von Fauna umgeben sind, nehmen wir sie erstaunlich oft nicht wahr. Dabei ist eines klar: Ohne Pflanzen kann es keine Tiere geben, aber ohne Tiere sehr wohl Pflanzen. Vielleicht ist es diese Gewissheit, die es ihnen erlaubt, in aller Stille einfach nur da zu sein. Sie haben diese Welt zu dem gemacht, was sie heute ist. Sie haben niemandem etwas zu beweisen. Nun möchte ich aber auch mehr über die Geschichte ihrer größten Profiteure, den Tieren, erfahren und mache mich dafür auf den Weg nach Bonn.

4

Tiere – Ein Albtraum aus Giften, Klauen und Stacheln

Ort: Museum Koenig in Bonn

Direkt im Eingangsbereich des Museums Koenig in Bonn steht ein Riesenhirsch, der jeden Besucher überragt und zu Lebzeiten mit seinem gewaltigen Geweih ziemlich Eindruck gemacht haben dürfte. Das Naturkundemuseum kann es sich aber leisten, ihn einfach ins Eck neben die Tür zu stellen. Es setzt überhaupt stark auf den physischen Eindruck der Tierwelt. Im Lichthof spaziert der Besucher durch eine afrikanische Savannenlandschaft, in der ein Mensch vermutlich keine fünf Minuten überleben würde, was weniger an den präparierten Zebras, Elefanten und Giraffen liegen würde, sondern am lauernden Löwen unterm Baum und dem Leoparden, der sich mit einer erlegten Gazelle auf einen Ast zurückgezogen hat. Zwar gibt es Savannen auf allen Kontinenten nördlich und südlich des Äquators, doch keine kann mit einer solchen Fülle an mächtigen Tieren aufwarten wie die afrikanische. Überall aber gilt, dass die Natur nur zwei Rollen vorsieht: Jäger und Gejagter.

© Der/die Autor(en), exklusiv lizenziert an Springer Fachmedien Wiesbaden GmbH, ein Teil von Springer Nature 2023
G. Böss, *Vom Urknall bis zum E-Auto*,
https://doi.org/10.1007/978-3-658-42337-7_4

Neben Raubtieren zu Land, zu Wasser und in der Luft, gibt es noch jemanden, der den Tieren der Savanne das Leben schwer macht: der Menschen. Mancher von ihnen ist auch Museumsgründer und erlegt Tiere, um sie später in seine Ausstellung zu integrieren. Die aufrechte Giraffe im Lichthof ist so ein Fall, die Alexander Koenig persönlich im Jahr 1913 erschoss. Die Savannenlandschaft hat auch deswegen so viel Atmosphäre, weil die ausgestellten Tiere erstaunlich lebensecht präpariert wurden. Was zu einer Infotafel mit der lakonischen Überschrift *„Ein Leben für ein Leben"* führt. Sie erzählt die dramatische Geschichte eines namenlosen Präparators, von dem nur bekannt ist, dass er das ausgestellte Erdferkel bearbeitet hatte, bevor er *„später tragischerweise von einer Löwin getötet"* wurde. Wobei diese Tragödie um ein erstaunliches Nachspiel ergänzt wird, denn in Bezug auf diese Löwin heißt es, dass sie *„wahrscheinlich ebenfalls in der Sammlung des Museums befindet."* Sie wiederum wurde vom Zoologe Wolfgang Uthmöller getötet, über den die Infotafel einen bemerkenswerten Lebensverriss in einem Satz abliefert: *„Er war stark alkoholabhängig und trank sogar den Alkohol aus Gläsern mit konservierten Reptilien."* Mit erkennbar mehr Wohlwollen werden die Verdienste der Tiere gewürdigt. Etwa die der Termiten, deren Hügel die Skyline der Savanne prägen. Sie schaffen gewaltige Bauten von bis zu acht Metern Höhe und dreißig Metern Umfang, die zum Teil mehrere tausend Jahre bestehen können und damit das Alter antiker Städte erreichen. Eine solche Kolonie kann bis zu drei Millionen Tiere umfassen und wird von einer Königin beherrscht, die als einzige Eier legen kann. Für die Zerstörung oder das zeitweise Aufgeben solcher Termitenhügel sorgen oft Insekten, die noch mehr Mitglieder haben und deren Superstaaten eine Ausdehnung von bis zu 6000 Kilometer haben können. Die Ameise. Speziell die Treiberameise erstürmt oft Termitenhügel und vernichtet dabei ganze Kolonien. Überhaupt führen sie regelrechte

Raubzüge durch, bei denen ihnen andere Tierarten folgen, die vom „Krieg" profitieren wollen. In der Zoologie ist man von diesen Ameisen so beeindruckt, dass sie sowohl als „Super-Organismus" als auch „Organismus der Superlative" bezeichnet werden, was aus einem schwer nachvollziehbaren Grund zwei verschiedene Zuschreibungen sind. Superlative ist auf jeden Fall die Größe solcher Ameisenstaaten, die es auf 20 Millionen Mitglieder bringen können.

In Tierfilmen beißen Löwen ihre Beute oft durch einen kräftigen Biss in den Nacken tot, durch den das Genick bricht. Was brutal klingt und es auch ist, ist trotzdem einer der gnädigeren Tode, die die Natur kennt. Es geht auch weitaus grausamer und langsamer. Dabei gilt, dass sich die Brutalität eines Jägers negativ proportional zu seiner Größe verhält. Will heißen, umso kleiner ein Tier, desto perfider seine Waffen. Die Welt der Insekten ist ein Albtraum aus Säuren, Giften, Stacheln und Scheren. Im Museum werden mehrere dieser Killer vorgestellt. Da wären Raubwanzen, die ihren Stechrüssel in ihre Beute bohren und bei lebendigem Leib aussaugen, während der Hundertfüßer sie erst mit Giftklauen betäubt und dann frisst. Kaiserskorpion zerquetschen ihren Gegner gerne mit ihrem Stachel, während der Laufkäfer ihn lieber mit seinen Kieferzangen in zwei Hälften schneidet – was ihm sogar bei kleinen Eidechsen gelingt. Warum das Museum ihn dafür als „*Tyrannosaurus Rex unter den Käfern*" bezeichnet und nicht als „Edward mit den Scherenhänden" oder noch treffender als „Freddy Krueger", ist dabei die Frage. Wir Menschen bleiben nur dank unserer Größe davon verschont, Teil dieses permanenten Gemetzels zu sein, das die Welt der Insekten ist.

Nirgendwo gibt es so viele dieser Tiere wie in den Regenwäldern, was nicht weiter verwundern sollte, da nichts auch nur annähernd dem dortigen Artenreichtum gleicht. Zwar bedecken sie weniger als 10 % der Landoberfläche, beherbergen aber mehr als 50 % aller Arten. Eine Zahl macht deutlich, wie immens ihr Reichtum ist. So gibt es im Regenwald mehr als 40.000 Baumarten, während es ganz Mitteleuropa auf bescheidene 124 bringt. Ja, genau: 40.000 zu 124. Dass der Amazonas der größte Regenwald der Welt ist, ist dabei vermutlich den meisten bekannt. Für den zweitgrößten dürfte das schon nicht mehr gelten, der sich im Kongobecken in Afrika befindet. Regenwälder gibt es aber auch sonst auf allen Kontinenten entlang des Äquators. Bevor die Ausstellung einige Meter später in die Arktis und Antarktis übergeht, wäre das vielleicht ein guter Zeitpunkt, um das Museum selbst ein weniger genauer vorzustellen. Sein Gründer Alexander Koenig wurde 1858 in eine wohlhabende Familie hineingeboren und studierte Zoologie, wobei er sein Forscherleben nicht nur in Laboren und Büros verbringen wollte, sondern immer wieder ausgedehnte Reisen antrat, auf denen er auch mit dem Gewehr in der Hand auf Tiere zielte, die er sich wunderbar in seinem Museum vorstellen konnte. Eine besondere Leidenschaft hatte er für die Vogelwelt, was sich auch in einer Sammlung von etwa 100.000 Exemplaren niederschlug, die bis heute Teil des Museums sind. Sein reicher Vater hatte ihm einst die Villa geschenkt, in der Koenig Junior ein Museum unterbringen wollte. Allerdings meinte es der Weltenlauf lange nicht gut mit diesem Projekt. Als es eröffnen sollte, brach der Erste Weltkrieg aus und die Villa wurde zum Lazarett umfunktioniert, bevor sie nach dem Krieg den Briten und danach bis 1926 den Franzosen als Kaserne mit Gefängnis diente. Dass die Inflation in der Weimarer Republik Alexander Koenig außerdem um sein Vermögen brachte, machte die Lage nicht unbedingt besser. Als Reaktion darauf übereignete er das Museum dem Staat, bevor 1934 – und damit praktisch mit zwanzig Jahren Verspätung – die Eröffnung folgte. Nach dem Zweiten Weltkrieg, Koenig war 1940 gestorben, gab es erneut eine

Zwischennutzung, die nichts mit der musealen Idee hinter der Villa zu tun hatte. Da es in Bonn kaum noch repräsentative Gebäude gab, die nicht während des Kriegs zerstört wurden, wählte die Politik den Lichthof des Museums für die Eröffnungssitzung des Parlamentarischen Rats am 01. September 1948, der die Gründung der Bundesrepublik Deutschland vorbereitete. Die schon erwähnte Giraffe, die Koenig persönlich erschossen hatte, wurde damals hinter einem Vorhang versteckt und trägt seitdem den Spitznamen „Bundesgiraffe". Nach dieser schweren Anfangsphase aber, die sich praktisch über Jahrzehnte zog, etablierte sich das Museum schließlich und ist heute eines der am besten besuchten in Bonn. Zudem verfügt es mit etwa sieben Millionen Präparaten über eine der größten naturkundlichen Sammlungen Deutschlands.

Und damit geht es aus dem mitteleuropäisch-gemäßigten Klima Bonns, an zwei der lebensfeindlichen Orte der Welt, die Arktis und Antarktis. Schon ihre Dimensionen sind kaum zu fassen. In den Wintermonaten dehnt sich das arktische Packeis auf 14 Millionen. Quadratkilometer aus und damit auf das Vierzigfache der Größe Deutschlands aus. Noch imposanter ist die Antarktis, der Südpol, in den Deutschland sogar sechzigmal reinpassen würde. Dort gibt es Eisschichten von fast 5000 Metern dicke, während am Nordpol nur bescheidene zwei Meter erreicht werden. Ein Unterschied, der damit zusammenhängt, dass der Südpol auf Festland liegt, während der Nordpol ein Ozean ist.

Auch an den Polen, die sich alle Mühe geben, besonders garstige Unorte zu sein, wimmelt es von Leben. Wobei so manche Spezies einen wahnsinnigen Aufwand betreiben musste, um hier zu bestehen. Ein eindrucksvolles Beispiel dafür ist der Eisfisch. Eigentlich passt er nicht an den Südpol, da sein Blut bei weniger als 0 Grad gefriert, während hier die Temperaturen meist bei – 2 Grad oder weniger liegen. Der Eisfisch hätte sich praktisch komplett neu erfinden müssen, um hier zu überleben. Und genau das hat er gemacht. Um sein Blut am Laufen zu halten, stellt er nicht weniger als acht verschiedene Frostschutzmittel her, die den Gefrierpunkt seines Bluts ausreichend herabsetzen. Eine gute Lösung für dieses Problem, das aber ein noch größeres Problem schafft. Frostschutzmoleküle senken zwar den Gefrierpunkt des Blutes, verstärken aber zugleich dessen Zähflüssigkeit, für das eigentlich schon der Blutfarbstoff Hämoglobin sorgt. Der Eisfisch würde jetzt also nicht mehr an gefrorenem Blut sterben, sondern an zu langsamen. Darum entscheidet er sich für einen radikalen Schritt und verzichtet kurzerhand auf das Hämoglobin. Das mag im ersten Moment nach einer guten Lösung klingen, doch leider ist Hämoglobin überlebenswichtig, da es den Sauerstoff durch den Körper transportiert. Nachdem der Eisfisch dem Tod durch Erfrieren und dem durch zu dickes Blut entgangen war, würde er nun also ersticken. Doch auch hierfür fand er eine Lösung und ab jetzt wird es endgültig verrückt. Er lagert den Sauerstofftransport kurzerhand an das bitterkalte Südpolarmeer aus, wofür er sich zunutze macht, dass in kaltem Wasser wesentlich mehr Sauerstoff gelöst ist als in warmen. Das kalte Wasser in seinem Blut wird somit zum Transportmittel für den Sauerstoff und ersetzt damit das Hämoglobin. Kann der Eisfisch denn jetzt endlich in Ruhe am Südpol leben? Immer noch nicht! Kaltes Wasser allein bindet trotzdem zu wenig Sauerstoff und kann den Verzicht auf Hämoglobin darum nicht ausgleichen. War es das jetzt endgültig für den Antarktistraum des Eisfisches? Nein. Auch für diese letzte Hürde hat er eine Lösung. Wenn in seinem Blut zu wenig Sauerstoff ist, muss dieses wenige Blut eben umso schneller durch den Körper gepumpt werden, um dieses Defizit durch Tempo auszugleichen. Darum verfügt der Eisfisch über ein fünfmal so großes Herz wie

vergleichbarer Fische und mit diesem großen Herz ist es
ihm tatsächlich gelungen, sich einen Platz am Südpol zu si-
chern. Er musste dafür nichts weiter tun, als sich gleich
fünfmal komplett neu zu erfinden. Beim Blick darauf, was
für enorme Änderungen nötig waren, wundert es nicht,
dass nur 300 von 20.000 Knochenfischarten am Südpol
leben können.

Das Museum hat eine auffällige Schwäche für Tiere, die
in der Nahrungskette ganz unten stehen, wie es schon bei
den Termiten und Ameisen bewies, die als „Proteinquellen"
bezeichnet wurden. Beim Krill geht es sogar noch weiter.
Ihm wird kurzerhand unterstellt, „das antarktische Polar-
meer zu beherrschen". Nun ja, wenn „beherrschen" heißt,
dass man in unermesslicher Zahl gefressen wird, mögen sie
tatsächlich die Herrscher sein. Krill-Schwärme von bis zu
400 Quadratkilometer Ausdehnung (was der Fläche Kölns
entspricht) und 2 Millionen Tonnen Gewicht sind unter
anderem Nahrung für allerlei Wale, Robben, Fische, Tinten-
fische und Vögel. Krill beherrscht nichts, außer den Speise-
plan all derer, die Krill fressen. Ähnlich fragwürdig ist das
Herrscher-Podest für den Lemming. Er ist so etwas wie das
Krill des Landes, aber im ermutigenden Ton der Museums-
prosa wird er zur „Schlüsselrolle im Ökosystem Tundra."
Dieser Schlüsselrolle kommt er nach, indem er die Haupt-
nahrungsquelle für Schneeeule, Vielfraß und Polarfuchs ist.
Dass Lemminge manchmal den Eindruck machen, als
stürzten sie sich in einem Massenselbstmord in den Tod,
hat übrigens einen ebenso einfachen wie tragischen Grunde.
Sie sind zwar fähige Schwimmer, können aber Entfernungen
kaum einschätzen. Also springen sie voller Zuversicht ins
kühle Nass und hoffen, dass es schon gut gehen wird bzw.
das nächste Ufer nicht zu weit entfernt liegt. Zwar gibt es
deutlich mehr Tiere in den Polarmeeren als auf den Eis-
flächen, dafür zählt aber mit dem Eisbären eines der be-

kanntesten Lebewesen der Welt zu diesen Landbewohnern Er wird bis zu 2,5 Meter lang und 800 Kilo schwer und wandert im Jahr bis zu 5000 Kilometer durch das ewige Eis.

Doch die Fauna hat noch andere Extremregionen zu bieten, weswegen im Museum Koenig auf die Schneewüsten eine Dünenlandschaft folgt. Was an den Polen im Überfluss vorhanden ist, fehlt in den Wüsten fast komplett: Wasser. Entsprechend sind die Vorzeichen in dieser Klimazone beinahe spiegelverkehrt zu denen der Pole. In der Wüste geht es vor allem darum, Wasser zu sparen. Schwitzen, Atmen, Verdauung, einfach alles muss auf den Prüfstand. In dieser Hinsicht haben Reptilien und Insekten Vorteile, da hornbeschichtete Oberhäute und Chitinpanzer einen effektiven Schutz gegen Wasserverlust bieten. Bei Vögeln mindert das Gefieder den Wasserverlust und bei Säugetieren ein dichtes Fell. Dennoch sind Säugetiere die Lebewesen, die sich am weitesten von heißen Wüsten fernhalten sollten. Ganz besonders der Mensch, der sein „dichtes Fell" schon vor zehntausenden Jahren weitgehend abgelegt hat. Sein Trick gegen Überhitzung, das Schwitzen, ist an sich eine gute Idee, aber nur in klimatisch gemäßigten Regionen. In der Wüste ist Schwitzen hingegen nichts anderes als eine erstaunlich sichere Art, schnell zu verdursten. Deswegen haben die meisten Raub- und Nagetiere keine oder nur wenige Schweißdrüsen, um genau diesen lebensgefährlichen Flüssigkeitsverlust zu vermeiden. Auch Ausscheidungen sind ein relevanter Wasserverbrauch. Bei Menschen besteht Urin z. B. aus verschwenderischen 92 % Wasser, während der Urin viele Wüstentiere kaum Wasser enthält. Dem Kot entziehen sie ebenfalls so viel Flüssigkeit wie möglich, weswegen dieser letztlich staubtrocken hinterlassen wird.

Auch wenn vermutlich jedem klar ist, warum das Leben in der Wüste hart und gefährlich ist, soll der Grund dafür hier noch mal genannt werden. Während im Tierreich leben bis zu einer Körpertemperatur von fast 50 Grad möglich ist, kann es in der Wüste bis zu 70 Grad heiß werden. Dass auf diese Hitze in der Nacht Minusgrade folgen, macht das Überleben nicht leichter. Gleich nach dem Wassersparen ist darum der Schutz vor Hitze besonders wichtig. Von daher versuchen die meisten Tiere der knallenden Wüstenhitze auszuweichen. Sie werden nachtaktiv oder halten sich, wie etwa die Antilopen, in den heißen Stunden des Tages im Schatten auf. Springmäuse oder Dornschwanzagamen entscheiden sich für eine besonders dramatische Lösung und verfallen in längeren Hitzeperioden in eine Sommerstarre. An den Bewohnern der Wüste fällt außerdem auf, dass sie fast alle Fleischfresser sind. Was zum einen schlicht an der Tatsache liegen dürfte, dass es kaum Pflanzen gibt, zum anderen aber auch daran, dass in (Beute-)Tieren mit ca. 70 % wesentlich mehr Wasser vorhanden ist als in Pflanzen mit 50 %. Überhaupt haben sie die Suche nach Wasser perfektioniert. Wo Morgennebel oft über Monate oder Jahre hinweg die einzige Wasserquelle ist, blieb ihnen auch nichts anderes übrig. Der Nebel wird dabei von Steinen und anderen Oberflächen aufgenommen oder in Rillen gesammelt, die manchen Käferarten in den Sand graben. Andere nutzen ihren Körper als Art künstliche Regenrinne und bleiben den Morgen über reglos stehen, während sich der Nebel auf ihnen absetzt und in Tropfenform zum Mund rutscht. Ein Käfer hat dieses Vorgehen so sehr perfektioniert, dass er dafür den mystischen klingenden Namen Nebeltrinker-Käfer bekommen hat.

Eine wahre Anomalie im Feld der zähen Wüstenbewohner ist das Dromedar. Niemand würde vermuten, dass es als Säugetier hierhergehört und mithalten kann und doch gehört es zu den widerstandsfähigsten Bewohnern dieser Extremregion. Wie gelang es dieser Tierart also, zu den „Schiffen der Wüsten" zu werden? Vor allem, indem sie

in einer Umgebung von 50 Grad erstaunliche siebzehn Tage
ohne Wasser aushalten können, dabei bis zu 30 % ihres
Körpergewichts verlieren und danach in wenigen Minuten
bis zu 200 Liter Wasser auf einmal trinken können, um ihre
Reserven wieder aufzufüllen. Zwar kommen diese Anpassungen nicht an die Mühen des Eisfisches heran, doch
auch das Dromedar muss einiges wegstecken, um in seinem
Lebensraum bestehen zu können. Ob nun aber die eisigen
Pole oder doch die flirrenden Wüsten größere Herausforderungen an das Leben stellen, ist letztlich kaum zu beantworten und sicherlich ein dankbares Thema auf Zoo-
logenpartys.

Zweifellos steht aber fest, dass in Deutschland die Bedingungen weitaus angenehmer sind. Hier müssen keine
Eisfische ihren gesamten Organismus umbauen, um den
klimatischen Gegebenheiten zu trotzen. Deutschland ist
Teil der gemäßigten Klimazonen, die wiederum arm an
spektakulären Tierarten ist. Löwen, Eisbären, oder Tiger
finden sich hier allesamt nicht, was für unsere braven Rehe,
Hasen und Hühner ein Glücksfall ist. Sie haben schon
genug mit Füchsen und Mardern zu tun und zunehmend
wieder mit den nach Europa zurückkehrenden Wölfen. Zu
den ungewöhnlichsten Tieren in Deutschland gehören die
Fledermäuse, die nicht nur die einzigen fliegenden Säugetiere sind, sondern auch über ein einzigartiges Orientierungs-
system verfügen. Sie stoßen Ultraschalllaute aus, die als
Echo von Körpern oder Gegenständen zurückgeworfen
werden und den Fledermäusen so ein Bild ihrer Umgebung
mitteilen. So können sie ihre Beute genau orten, die zumeist aus Mücken besteht. Aus ziemlich vielen Mücken.
Pro Nacht können es bis zu 4000 dieser Insekten werden.

Damit kommt dieser Rundgang durch die Tierwelt zu
ihrem Ende. Die Beschäftigung mit der Fauna ist faszinierend, aber zugleich oft ein Segeln auf Landkarten voller

weißer Flecken. Denn auch wenn es so scheinen mag, als wäre die Zahl der bekannten Tierarten gigantisch, ist dieser Eindruck falsch. In Wahrheit weiß der Mensch über die ihn umgebende Tierwelt weiterhin erstaunlich wenig. Sei es, ob nun 5 oder doch eher 80 Millionen Arten auf dieser Erde leben oder ob die Gesamtzahl aller je existierten Tierarten bei 5 oder 50 Milliarden liegt. Diese Zahlen sprechen für vieles, aber sicher nicht für einen wissenschaftlichen Konsens. Davon unabhängig, kann aber immerhin festgehalten werden, dass die Zahl der Tierarten, die es heute gibt und jemals gegeben hat, jede menschliche Vorstellungskraft sprengt und dass es erstaunlich ist, mit welcher Hartnäckigkeit das Leben praktisch jeden Ort auf diesem Globus erobert hat. Dieser Rundgang um die Welt zeigte gleichzeitig, wie schwer es ist, auf diesem Planeten zu überleben und was für Mühen Tiere aufnehmen müssen, um nicht in die schier endlose Liste der ausgestorbenen Spezies aufgenommen zu werden. Wie aber schaffte es in dieser unnachgiebigen und erstaunlich schnell ziemlich tödlichen Umgebung ausgerechnet ein relativ schwaches Säugetier, zu überleben? Eines, das in der Nacht praktisch blind ist, weder schnell rennen noch gut klettern kann, das Schwimmen erst lernen muss und noch dazu flugunfähig ist. Kurzum: Wie haben wir Menschen es geschafft, nicht auszusterben? Um das zu erfahren, geht es im nächsten Kapitel ins Neanderthal Museum im Neandertal und damit an einen Ort, der vom Bonn Museum Koenig nur etwa 90 Minuten entfernt ist.

5

Menschenarten – Wir waren mal viele, jetzt sind wir allein

Ort: Neandertal Museum in Mettmann

Im August 1856 kam es zu einer Begegnung zwischen Neandertalern und Homo Sapiens, wobei die Rollen dabei klar verteilt waren: Die Homo sapiens trugen Äxte und Hämmer bei sich, während die Neandertaler unbewaffnet waren und ziemlich reglos blieben. Was nicht weiter verwundern sollte, da sie bei dieser zufälligen Begegnung mit Bauarbeitern schon seit mehreren zehntausend Jahren tot waren. Was in jenem Sommer im Neandertal entdeckt wurde, hatte eigentlich das Zeug zur Weltsensation. Der Lehrer und Hobbyforscher Johann Carl Fuhlrott begutachtete die Knochen und vermutete von Anfang an, dass es sich um die Überreste von Eiszeitmenschen handeln musste. Eine durchaus mutige These, da die Existenz fossiler Menschen bis dahin weitgehend bestritten wurde und das nicht nur von den Kirchen, sondern auch den meisten Wissenschaftlern. Darunter dem berühmten Arzt und Forscher Rudolf Virchow, für den es sich schlicht um die Knochen eines kranken Homo sapiens handelte, womit er auch erklärte, warum diese Gebeine nicht

© Der/die Autor(en), exklusiv lizenziert an Springer Fachmedien Wiesbaden GmbH, ein Teil von Springer Nature 2023
G. Böss, *Vom Urknall bis zum E-Auto*,
https://doi.org/10.1007/978-3-658-42337-7_5

wie die anderer Homo sapiens aussahen. Virchows herrisch vorgetragener Unsinn blockierte noch für Jahrzehnte die Forschung zur menschlichen Urgeschichte. Wie gleichgültig letztlich auf diesen Sensationsfund reagiert wurde, zeigt sich auch daran, dass er gleich zweimal gemacht werden musste. Noch im Jahr der Entdeckung wurde die Höhle bei Bauarbeiten zerstört, bevor der Fundort nach dem Tod des tapferen Johann Carl Fuhlrotts endgültig in Vergessenheit geriet. So vergingen weit über hundert Jahre, in denen nur noch allgemein bekannt war, *dass* im Neandertal Knochen gefunden wurden, aber nicht *wo*. Erst in den Jahren 1997 und 2000 wurde der Fundort wiederentdeckt, nachdem für die Suche unter anderem alte Gemälde des Tals zur Orientierung genutzt werden mussten.

Immerhin ist es unwahrscheinlich, dass es so bald zu einem weiteren Vergessen kommt. Dafür sorgt schon das Neandertal Museum, das 1996 in unmittelbarer Nähe eröffnet wurde. Mit seiner ovalen Architektur und den grünen Fenstern erinnert es ein wenig an ein Ufo, das in diesem stillen Tal bei Düsseldorf gelandet ist. Am Fuße eines Hangs gelegen, begrüßt es Homo sapiens jeden Alters, die sich über die ausgestorbene Verwandtschaft im Stammbaum der Menschheit informieren wollen. Dabei sind wir erst seit einem Wimpernschlag der Geschichte allein auf diesem Planeten. Über Millionen Jahre hinweg gab es immer verschiedene Menschenarten nebeneinander. Das ist bekannt, aber damit hören die gesicherten Fakten auch schon größtenteils auf. Wir wissen in Wahrheit erstaunlich wenig über unsere Vorfahren und Verwandten und das aus dem einfachen Grund, weil es kaum archäologische Funde gibt. Manche Arten sind lediglich durch einen einzigen Knochen belegt, andere sogar nur durch winzige DNA-Spuren. Im Grunde ist unsere eigene Vergangenheit wie eine Straße bei Nacht, die nur hier und da von einer flackernden Laterne schlecht beleuchtet wird. Auf jedem

Dorffriedhof gibt es mehr Knochen des Homo sapiens, als wir weltweit von allen anderen Menschenarten zusammengefunden haben. Bis heute gibt es kein einziges vollständig erhaltenes Skelett irgendeiner anderen Art außer unserer eigenen. Aber auch ansonsten ist die bisherige Ausbeute ziemlich mager. Vom Neandertaler wurden bislang an etwa 400 Fundorten Knochen und Zähne gefunden, aber trotzdem gibt es auch von ihnen kaum mehr als ein Dutzend unvollständige Skelete und dazu eine überschaubare Zahl an weiteren Knochen und Zähnen Von daher ist das, was wir vermeintlich über Neandertaler wissen, eher das, was wir ihnen zuschreiben und unterstellen. Im Museum wird das durch eine Bildersammlung deutlich, die das sich wandelnde Neandertalerbild im Laufe der Jahrzehnte zeigt. Die Bandbreite geht dabei von einem affenartigen Wesen bis hin zu einem Menschen, der von uns optisch kaum zu unterscheiden ist. Da die Neandertalerfunde besser erhalten sind als die des viel älteren Homo heidelbergensis, wissen wir über ihn am meisten. Neben der Faszination, dass er unser letzter lebender Verwandter war, dürfte das die Popularität erklären, die er bis heute genießt. Wir kennen ihn jedenfalls viel besser als alle anderen Menschenarten. Wir kennen ihn nicht nur, wir sind auch zu einem kleinen Teil er. Im Laufe der Jahrtausende kam es immer wieder zu Vermischungen, die in unserem Erbgut nachweisbar sind – im Schnitt trägt damit jeder von uns ein bis zwei Prozent Neandertaler-Gene in sich.

Trotz dünner Faktenlage in beinahe allen Bereichen, kann es wohl als gesichert gelten, dass die Geschichte unserer Art in Afrika begann. Vor neun bis sieben Millionen Jahren durchstreiften dort schon Menschenaffen die offenen Seen- und Flusslandschaften, während unsere eigene Homo-Linie vor rund 2,5 Millionen Jahren mit homo habilis beginnt, der aus Geröll Steinwerkzeug hergestellt hat – wobei ihm damit keinesfalls eine Pioniertat gelang. Im

Gegenteil gibt es Nachweise dafür, dass Werkzeug schon vor 3,3 Millionen Jahre verwendet wurde. Also 800.000 Jahre, bevor der Homo habilis auftauchte. Charles Darwin hatte schon recht mit seiner Bemerkung, die auf einer der Infotafeln steht: „Die Betrachtung solcher Tatsachen hat auf den Geist fast dieselbe Wirkung wie das vergebliche Bemühen, sich eine Vorstellung von der Ewigkeit zu machen." Eine halbe Million Jahre nach dem Homo habilis folgte mit dem Homo erectus ein Mensch, der schon deutlich an Körpergröße zugelegt hatte und über ein leistungsfähigeres Gehirn verfügte. Die Körperbehaarung hat er schon weitgehend abgelegt und Fortschritte bei der Zubereitung von Nahrung sorgten außerdem dafür, dass sein Gebiss kleiner wurde. Der Homo erectus war es auch, der als erster von Afrika nach Asien und Europa auswanderte. Er ist übrigens kein direkter Vorfahr von uns, sondern vom Homo heidelbergensis, aus dem wiederum der Neandertaler hervorging.

Evolutionäre Entwicklungen sind vielschichtig, weswegen es selten einfache Antworten gibt. Eine Ausnahme dürfte der Schlüssel für den Erfolg der Menschheit sein. Dieser befindet sich in seinem Kopf. Unser Gehirn ist vermutlich das komplexeste Gebilde, das die Natur je hervorgebracht hat. Umso weiter es sich entwickelte, desto mehr verbesserte sich auch die Feinmotorik unserer Hände. Dadurch wurde es den Ur-Menschen möglich, über die Nutzung primitiver Werkzeuge hinauszugehen, zu der auch andere Tiere fähig waren, und mit Werkzeug weiteres Werkzeug herzustellen oder aus mehreren Werkzeugen etwas Neues zu bauen. Seitdem waren sie nicht mehr auf das angewiesen, was sie vorfanden, sondern konnten das Vorgefundene in etwas anderes umwandeln. Vermutlich kann der Moment, als aus einem Stück Holz und einem Stein der erste Hammer gebaut wurde, als Beginn der Kulturgeschichte gesehen werden. Das große Gehirn hatte noch einen weiteren Effekt, der für den Aufstieg der Menschheit von enormer Bedeutung war. Schwangerschaften mussten nach neun Monaten „abgebrochen" werden, da der große Kopf – hallo, Gehirn – des Kindes sonst nicht mehr durch den Geburtskanal passen würde. Damit kamen Neugeborene ausgesprochen unvollendet auf die Welt (Um den gleichen Reifegrad wie ein Schimpansenbaby zu haben, hätte es eine Schwangerschaft von 19 Monaten gebraucht) und benötigten viel Unterstützung. Damit der Nachwuchs überlebt, sorgten sich auch die Väter um das Kind, was in der Tierwelt selten der Fall ist, womit die Ur-Kernfamilie geboren war. Auch die ältesten Mitglieder der Gemeinschaft leisteten ihren Beitrag und so wurden vor mehr als zwei Millionen Jahren irgendwo in der afrikanischen Savanne auch die sozialen Rollen Oma und Opa erfunden.

Der Mensch nahm auch den aufrechten Gang an und hatte damit (neben Rückenschmerzen, die bis heute die Geisel dieser Spezies sind) plötzlich das Luxusproblem, was er mit seinen freien „Vorderbeinen" machen soll, die jetzt Arme und Hände waren. Sie verliehen ihm ganz neue Möglichkeiten, um Nahrung zu erbeuten oder zu sammeln, um Werkzeuge zu entwickeln und Waffen einzusetzen. Dass unsere fernen Vorfahren mit Waffen umgehen konnten, zeigen Tests mit 300.000 Jahre alten Speeren, deren Flugeigenschaften denen moderner Wettkampfspeere ebenbürtig waren – die ältesten dieser Speere wurden übrigens bei Schöningen in Niedersachsen entdeckt, wo sie im Forschungsmuseum Schöningen ausgestellt sind. Gleichzeitig wurde der Mensch größer und bekam längere Beine und damit in der Savanne eine höhere Geschwindigkeit, was sowohl bei der Jagd als auch – wohl wesentlich öfter – bei der Flucht ein entscheidender Vorteil sein konnte.

Unsere eigene Linie, der Homo sapiens, tauchte erst vor 300.000 Jahren auf und ist ein direkter Nachfahre des

Homo erectus, dem es vermutlich als erster Menschenart gelang, das Feuer zu beherrschen. Wir stellten uns schon recht früh als eifrige Wanderer heraus, die sich über die ganze Welt verteilten. Nach Europa kamen wir vor 40.000 Jahren, wo der Neandertaler schon seit über 200.000 Jahren lebte und bald nach der Begegnung mit uns ausstarb. Was zur unangenehmen Frage führt, ob wir etwas mit seinem Verschwinden zu tun haben, das vor 40.000 bis 30.000 Jahren passiert ist. Haben wir ihn womöglich ausgerottet? Niemand kann diese Frage mit Gewissheit beantworten. Aber ein Blick auf die Brutalität, mit der Schimpansen, unsere heute engsten lebenden Verwandten, zum Teil wahre Kriege gegeneinander führen, lässt zumindest erahnen, wie die vorzeitlichen Begegnungen auf Lichtungen, in Höhlen und den Steppen ausgesehen haben könnten. Allerdings steht auch der Klimawandel im Verdacht, dem Neandertaler den Rest gegeben zu haben. Klimaschwankungen führten zu extremer Kälte und Dürre und begruben weite Teile Europas unter dicken Eisschichten, in denen so viel Wasser gebunden war, dass der Meeresspiegel etwa 130 Meter unter dem heutigen lag. Nach Ende der Eiszeit, vor etwa 10.000 Jahren, änderte sich das Aussehen des Kontinents radikal. Große Säugetiere der Mammutsteppen verschwanden von der Bildfläche, dafür breiteten sich Birken, Kiefernwälder, Ulmen, Eichen, Eschen und Haseln aus und bildeten nach und nach immer dichtere Wälder. Zusätzlich entstanden auch üppige Wiesen mit Gräsern, Kräutern und Blumen. Diese Vegetation bot Menschen und Tieren einen geradezu angenehmen Lebensraum.

Erstaunlicherweise wird selten darüber nachgedacht, ob Urzeitmenschen eigentlich religiös waren. Das Neandertal Museum widmet dieser Frage immerhin einen ganzen Themenschwerpunkt. Organisierte Glaubenssysteme sind in der Geschichte tatsächlich erst sehr spät aufgetaucht.

Oder vielleicht auch nicht. Das Problem ist, dass unser Blick auf die Vergangenheit davon abhängig ist, was diese Vergangenheit uns Greifbares hinterlassen hat. Darum ist die gesamte mündlich überlieferte Welt unserer Vorfahren für immer verloren und damit auch die Antwort darauf, seit wann sich Menschen der Gattung Homo den Sinn des Lebens stellen. Vielleicht wurden schon vor 200.000, 500.000 oder eine Million Jahren Schöpfungsgeschichten am nächtlichen Lagerfeuer ausgetauscht, vielleicht aber auch erst vor 30.000 Jahren. Fest steht nur, dass vor etwa 5000 Jahren im Vorderen Orient und Ägypten erste schriftlich dokumentierte Religionen entstanden. Ob die Neandertaler ebenfalls religiöse Vorstellungen von der Welt entwickelt haben, kann nur vermutet werden. Immerhin haben sie sich mit dem Tod auseinandergesetzt und womöglich sogar ihre Verstorbenen bestattet, auch wenn darüber in der Fachwelt noch Uneinigkeit herrscht. Dafür spricht jedenfalls, dass sie mehr als 200.000 Jahre lang Höhlenmalereien anfertigten (und womöglich noch viele andere Oberflächen verzierten, die allesamt die Zeiten nicht überstanden), weswegen neben einer solchen künstlerischen Ausdrucksweise auch eine Form von protophilosophischer Weltdeutung denkbar wäre. Wer sich seiner Umwelt bewusst genug ist, dass er sie in Malereien verewigt, stellt sich womöglich auch die Frage, welchen Platz er in dieser Umwelt hat.

Über hunderttausend Jahre hinweg zogen unsere Vorfahren als Nomaden durch die Welt. Sie lebten von dem, was die Natur ihnen bot, wobei ihr Überleben auch von ihrer Beweglichkeit abhing. Vor 10.000 Jahren gaben sie genau diese Mobilität auf und wurden sesshaft. Ein riskanter Schritt, der sich aber lohnen sollte. Die Landwirtschaft veränderte alles. Plötzlich konnte mit Nahrung geplant werden, was zu einem Bevölkerungsanstieg führte, wegen dem es größere Anbauflächen brauchte, um die Bevölkerung zu ernähren, was zu einem weiteren Anstieg der Bevölkerung führte und so weiter. In diesem Wechselspiel ging es im Grunde bis heute weiter. Seit Ackerbau betrieben wird, wuchs die Menschheitsbevölkerung durchgehend an – nur die Pestepidemie im Europa des 14. Jahrhunderts sorgte für einen einmaligen demografischen Knick – und liegt mittlerweile bei über 8 Milliarden. Bis 2050 soll sie sogar auf 10 Milliarden ansteigen. Mit der Sesshaftwerdung entwickelten sich Kultur, Gesellschaft, Technik, Philosophie und Wissenschaft in einer rasanten Geschwindigkeit voran. Nachdem die Gattung Homo fast drei Millionen Jahre, und damit mehr als 99 % ihrer Zeit, als Jäger und Sammler lebte, reichte weniger als ein Prozent, beziehungsweise 10.000 Jahre, um die Welt auf eine Weise zu dominieren, wie es noch nie zuvor einer Spezies gelungen war.

Der Homo sapiens hat sich dabei zu einem manischen Wissenssammler entwickelt, der eine nicht mehr überschaubare Zahl an Informationen angehäuft hat. Das Museum wählt mit der British Library einen interessanten Vergleich, um diese Wissensexplosion begreiflich zu machen, die im 19. Jahrhundert begann und seitdem immer schneller und immer weiter zunahm. Diese Institution verfügt aktuell über 150 Millionen Bücher, Zeitschriften, Handschriften, Karten, Grafiken und Tonaufnahmen und ist damit so etwas wie eine moderne Version der Bibliothek von Alexandria. Das bisher dort gesammelte Wissen bringt es auf eine Regallänge von 625 Kilometer, wobei jedes Jahr 12 weitere Kilometer hinzukommen. Würde ein Besucher pro Tag fünf Werke lesen oder anhören, hätte er nach 80.000 Jahren den gesamten Bestand durchgearbeitet. In diesem Fall würde es sich also lohnen, einen Bibliotheksausweis zu beantragen. In den 80.000 Jahren wären übrigens fast 1 Millionen weitere Kilometer an Regalreihen hinzugekommen, für die es schon über 120 Millionen Jahre

disziplinierten Lesens und Hörens bräuchte, nur um danach vor 1,5 Milliarden weiterer Kilometer zu stehen, für
die etwa 190 Milliarden Jahren veranschlagt werden müssten, bevor, ach, lassen wir es … nur so viel, nehmen Sie sich
besser für die nächsten 290 Billionen Jahre nichts vor.

Dass wir dieses enorme Wissen sammeln konnten und
weiterhin sammeln, liegt an unserem Gehirn, auch wenn
wir erstaunlicherweise nicht so wirklich wissen, wie es funktioniert. Darum heißt es auf einer Infotafel auch einiger-
maßen ernüchtert: *„Aber nach welchen Regeln die verschiedenen Ebenen im Gehirn tatsächlich zusammenarbeiten
ist noch weitgehend unbekannt."* Es scheint, als sei unser Gehirn selbst das eine Rätsel, das unser Gehirn nicht lösen
kann. Oder zumindest noch nicht. Wir verdanken ihm
auch unser Sprachvermögen, ohne dem weder Kultur noch
Zivilisation denkbar gewesen wären. Wann aber fand diese
kognitive Revolution statt, die uns aus der grunzenden und
fauchenden, aber nie debattierenden Tierwelt heraushob?
Was musste passieren, dass wir uns plötzlich die Meinung
sagen konnten? Um mehr darüber zu erfahren, geht es vom
Neandertal aus ins Kommunikationsmuseum in Berlin.

6

Kommunikation – Vom Homo sapiens zum Homo smartphonis

Ort: Museum für Kommunikation in Berlin

Oft befinden sich Museen in Gebäuden, die zuvor anderen Zwecken gedient hatten. Etwa als Behörden, Fabriken oder auch Villen. Das Museum für Kommunikation hingegen ist ein Museum in zweiter Generation. Schon vor ihm befand sich hier eines, das sich bemühte, „die Entwicklung des Verkehrswesens von den Völkern des Altertums beginnend bis zur neuesten Zeit kulturgeschichtlich zu veranschaulichen". 1898 öffnete es seine Pforten, womit Berlin um einen wilhelminischen Prachtbau und das erste Postmuseum der Welt reicher war. Es befand sich in guter Lage, was sich bis heute nicht geändert hat. Fünf Gehminuten vom Potsdamer Platz entfernt, zehn vom Bundestag und fünfzehn vom Alexanderplatz. Der wichtigste Mann hinter diesem Museum war aber zum Zeitpunkt der Eröffnung schon seit einem Jahr nicht mehr am Leben. Er hieß Heinrich von Stephan und wenn es jemals einen Mister Briefmarke gegeben hat, dann war er es. Er hat das moderne Postwesen nicht einfach reformiert, er hat es in wesentlichen Teilen erfunden.

© Der/die Autor(en), exklusiv lizenziert an Springer Fachmedien Wiesbaden GmbH, ein Teil von Springer Nature 2023
G. Böss, *Vom Urknall bis zum E-Auto*,
https://doi.org/10.1007/978-3-658-42337-7_6

Heinrich von Stephan wurde 1831 in Pommern geboren und fand zu Beginn seiner Laufbahn, die mit einer Ausbildung bei der Post begann, eine desolate Situation vor. Unter anderem gab es keine verbindlichen Regeln zwischen den Staaten, wie teuer das Versenden von Briefen eigentlich sein durfte. Im Laufe der Zeit schloss er darum im Auftrag der preußischen Regierung Verträge mit Belgien, den Niederlanden, Spanien, Portugal, den USA, Norwegen, Dänemark, der Schweiz, Italien, Schweden, Spanien, Frankreich und „einigen südamerikanischen Staaten", bevor er sich dachte, dass es wohl einfacher wäre, alle Staaten der Welt an einen Tisch zu bringen, statt mit jedem einzeln zu verhandeln. So kam es 1874 zur Gründung des Weltpostvereins, dem heute alle UN-Mitglieder angehören (bis auf Andorra, den Marshallinseln, Mikronesien und Palau). Dieser Verein regelt den internationalen Postverkehr und sorgt für Ordnung, wo es früher eine Vielzahl an Regeln, Gebühren und Einzelvereinbarungen gegeben hatte. Heinrich von Stephan hat außerdem ein Standardwerk zur preußischen und europäischen Postgeschichte verfasst, sich für das Telegrafenwesen eingesetzt und die Postkarte eingeführt. Im Laufe seiner Karriere wurden zweitausend Postgebäude eröffnet und auch der Ort seines Todes im Jahr 1897 ist fast folgerichtig ein Postamt gewesen. Stephans Trauerzug folgten damals Tausende Berliner und aus der ganzen Welt kamen Beileidsbekundungen an. Halbwegs pünktlich übrigens, was noch in der Trauer die Lebensleistung des Verstorbenen unterstrich. Vorbei die Zeiten, in denen Briefe oft Monate und manchmal sogar Jahre lang unterwegs waren, wenn sie ihr Ziel überhaupt erreichten.

Im Museum selbst geht es auf den Stockwerken eins und zwei um die Geschichte der Kommunikation. Also rasch die zwei Treppenabsätze hinauf und rein in die Menschheitsgeschichte. Gleich zu Beginn der Ausstellung kann man festhalten: Am Anfang war nicht das Wort, sondern das Grunzen. Für ein richtiges Wort reichte es beim frühen Menschen vor 2,9 Millionen Jahren noch nicht, was an der Stellung des Zungenbeins lag. Erst vor 1,9 Millionen Jahren hatte es sich immerhin so weit verändert, dass die Geschichte des Homo sapiens als kommunikatives Wesen beginnen konnte. Eine Geschichte, die uns heute oft fälschlicherweise wie ein einziger Siegeszug vorkommt. Wenn aber etwas die Geschichte der Kommunikation prägte, dann waren es Stillstand und Langsamkeit. Ja, über wahnsinnig lange Zeiträume hinweg passierte wahnsinnig wenig, wenn überhaupt etwas passierte. Es fängt schon mit dem erwähnten Zungenbein an. Bis es sich endlich in eine Vokal-freundliche Position gebracht hatte, waren schon achtzig Prozent der bisherigen Menschheitsgeschichte vorbei. Danach dauerte es weitere 350.000 Jahre, bevor sich eine erste Ursprache entwickelte und auch danach ließ sich der Mensch nicht drängeln und so vergingen erneut 100.000 Jahre, bevor er über voll entwickelte Sprachen verfügte. Die meiste Zeit über knurrte und brummte die Menschheit also, statt zu dichten und als sie damit schließlich anfing, fing sie zugleich auch an, sich künstlerisch auszudrücken. Aus jener ersten kreativen Phase sind Höhlen- und Steinmalereien erhalten geblieben, die sich thematisch am liebsten mit Jagdszenen beschäftigten und mit der Darstellung einzelner Tiere, bei denen es sich auffällig oft um jene handelte, die sich auch in den Jagdszenen als Beute wiederfinden. So kann man im Museum einen Felsbrocken bewundern, auf dem ein unbekannter Urzeitkünstler, dessen Schaffenszeit recht großzügig auf irgendwann zwischen 6000 bis 10.000 Jahre vor Christus festgelegt wird, ein Nashorn dargestellt hat. Jenen Künstler trennten wiederum mindestens 15.000 Jahre von einem Kollegen und dessen Werk, das heute als Venus von Willendorf bekannt ist und eine so voluminöse Frau zeigt, dass man sich fragt, wie aus einem solchen Schönheitsideal irgendwann die dürren Supermodels des späten 20. Jahrhunderts werden konnten.

Der Mensch ließ sich aber nicht nur mit der Entwicklung komplexer Sprachen Zeit. Eigentlich ließ er sich mit allem Zeit, auch mit technischen Innovationen. Darum blieb der Faustkeil über hunderttausende Jahre hinweg das wichtigste Werkzeug, mit dem man schneiden, spalten und bohren konnte. Ein echtes Schweizer Taschenmesser der Frühzeit. Erfinderischer war der Mensch immerhin darin, Informationen über größere Entfernungen hinweg auszutauschen. Sei es, um vor Feinden oder wilden Tieren zu warnen oder um auf mögliche Beute hinzuweisen. Dafür wurden Tierknochen, Holzstücke oder Steine an Seile gebunden und durch die Luft gewirbelt, wobei das so entstehende Surren wichtige Nachrichten übertrug. Simpler war das einfache Pfeifen, womit die Ureinwohner der Kanarischen Inseln aber immerhin Entfernungen von bis zu zehn Kilometern überbrücken konnten. Manche ihrer Nachkommen beherrschen diese Technik bis heute. Deutlich komplexere Instrumente stellten da schon Flöten und Trommeln dar oder auch das Didgeridoo, das die Aborigines in Australien weiterhin einsetzen. Das Aufkommen der Sprache bedeutete eine Wissensrevolution, aus der sich um 7000 v. Chr. die ersten Vorformen von Schriftsprachen entwickelten. Im fünften Jahrtausend v.Chr. folgte dann sowohl ein riesiger Schritt für das alte Ägypten (er sichert dem Reich seine vieltausendjährige Existenz, worum es in Kap. 7 noch genauer gehen wird) als auch für die Menschheit an sich, da am Nil das erste Schriftsystem der Welt eingeführt wurde. Oder auch nicht. Bis heute ist unklar, ob Ägypten oder das Königreich Uruk die eine Bleistiftspitze vorne lag, weswegen es im Museum diplomatisch heißt, dass sie *„fast zeitgleich"* ihre Schriftsysteme entwickelt hatten. Ägypten setzte auf Papyrus, während Uruk auf die Keilschrift vertraute. Beide Systeme wurden zu Erfolgsgeschichten und blieben über Jahrtausende im Einsatz.

Bis in die Neuzeit hinein war für das Überbringen von Nachrichten fast immer ein Mensch notwendig, wobei manche Reiche das Motto „Wissen ist Macht" früh begriffen und darum eine entsprechende Infrastruktur aufbauten, damit Boten möglichst schnell vom Absender zum Empfänger gelangten. Zu frühem Ruhm brachte es dabei die persische Königsstraße, auf der Reiter (und angeblich auch Läufer, was sehr unwahrscheinlich ist) die 2600 Kilometer zwischen Susa und Sardes in wenigen Tagen zurücklegten. Ihr Weg führte dabei durch Teile des heutigen Irans, Iraks, Syriens und der Türkei bis zur Grenze Griechenlands. Wie konnten sie aber eine solche Geschwindigkeit erreichen? Die Antwort sind die einhundertelf Wechselstationen, an denen Pferde und Kutschen getauscht wurden oder gleich der ganze Bote abgelöst werden konnte. Wie bei so vielem anderen, das funktioniert – etwa die griechische Götterwelt – hatten die pragmatischen Römer keine Hemmungen, diese Idee zu kopieren und weiter zu verbessern. Auf ihren Straßen waren Boten noch schneller unterwegs als im Reich der Perser. Einige davon, wie die Via Appia, existieren bis heute und zeugen von der hohen Qualität römischer Infrastruktur. Nach dem Untergang des Imperiums sollte es in Europa Jahrhunderte dauern, bis dieses einstige Niveau auch nur annähernd wieder erreicht wurde.

Im deutschen Sprachraum prägte ab 1490 die Adelsfamilie Taxis (von 1650 an Thurn und Taxis) die weitere Entwicklung. Sie hatte praktisch ein Postmonopol, bevor sie nach fast vierhundert Jahren 1867 alle Rechte an den preußischen Staat „abtrat", wie es auf einer Infotafel heißt. Was netter klingt, als es war. Tatsächlich hatte Preußen sich diese Rechte schlicht mit Gewalt genommen. Niemand anderes als der Briefmarken-Berserker Heinrich von Stephan setzte sich dafür ein, da er im bestehenden Postmonopol einen „Krebsschaden" und „Hemmschuh jeder freien Verkehrsentwicklung" sah. Also rückten „preußische Truppen in Frankfurt am Main ein und beschlagnahmten kurzerhand die Taxxische Postverwaltung", was sie konnten, da sie gerade im deutschen Krieg gesiegt hatten. Johann Wolfgang von Goethe hätte diese Entwicklung wohl gar nicht gefallen, durfte er doch in der guten alten Monopolzeit seine Briefe immer unentgeltlich versenden. Kaum jemand macht sich im Übrigen klar, dass es schon in den 1870er-Jahren einen regen internationalen Post- und Warenverkehr gab. Mehr als acht Milliarden Briefe, Postkarten, Drucksachen, Warenproben, Geschäftspapiere und Zeitungen wurden damals rund um den Globus befördert. Das war bemerkenswert viel, wenn auch nichts im Vergleich zu den heutigen Größenordnungen. Mitte der 2000er-Jahre wurden im Jahr über 430 Milliarden Sendungen verschickt, wobei die Zahlen sich mittlerweile auf etwa 360 Milliarden reduziert haben und wohl weiterhin sinken werden. Grund dafür ist der digitale Postverkehr, der Schätzungen zufolge jährlich 100 Billionen E-Mails umfasst.

Um Informationen versenden zu können, müssen sie aber erst geschaffen werden. In dieser Hinsicht brachte Johannes Gutenberg die Menschheit einen entscheidenden Schritt voran. Bis Ende des 15. Jahrhunderts, und damit innerhalb von nur etwa fünfzig Jahren seit der Erfindung des Buchdrucks, entstanden in Europa mehr als tausend Druckereien, in denen beachtliche 30.000 Werke in zwanzig Millionen Exemplaren veröffentlicht wurden. Weitere 350 Jahre später sollten die automatisierten Druckmaschinen der industriellen Revolution das Druckhandwerk nochmals entscheidend weiterentwickeln. Hohe Auflagen konnten nun in kürzester Zeit produziert werden und Berlin stieg zur Zeitungsstadt auf. Neben den modernen Druckereien verhalf der Presse aber noch etwas anderes zum Erfolg: die Eisenbahn. Als ein Kind der industriellen Revolution und der Dampfmaschine, wird sie zum zentralen Beförderungsmittel und sorgt ganz nebenbei 1893 für das Ende der unterschiedlichen Lokalzeiten in Deutschland, da sonst keine einheitlichen Fahrpläne möglich wären. Die Post setzte ebenfalls auf die Eisenbahn und ließ die Briefe oft im Zug selbst sortieren, um sie noch schneller ans Ziel zu bringen.

Immer mehr Erfindungen, Innovationen und Entdeckungen verändern im 19. Jahrhundert die Welt. Die Entwicklung der Telegrafentechnik steht exemplarisch für diese Zeit. Es ging mit dem optischen Telegrafen los, der Nachrichten mithilfe von Holzarmen weitergab, die an Masten befestigt waren. Ihre Bewegungen wurden in Worte übersetzt, wobei die bekannteste Telegrafenlinie Deutschlands von 1832 bis 1849 Berlin mit dem 550 Kilometer entfernten Koblenz verband und Nachrichten in etwa dreißig Minuten übertrug. Eine atemberaubende Geschwindigkeit, die davor nicht ansatzweise erreicht wurde, und doch schon bald vom Morsegerät (bzw. der optischen Telegrafie) in den Schatten gestellt wurde. Auch das gehörte zum Tempo der Zeit, dass Technologien, die gerade noch neu erschienen, schon eine Patentanmeldung später so veraltet wirken konnten wie ein reitender Bote. Damit waren die Entwicklungen des Telegrafen aber noch nicht abgeschlossen. Nach der optischen und der elektronischen sollte 1896 noch die drahtlose Telegrafie folgen, um die es etwas später noch gehen wird.

Die spektakulärste Neuerung erwartete die Welt aber schon am 14. Februar 1876. An diesem Tag, einem Valentinstag, besiegte die Menschheit endgültig die Geografie. Ab sofort war es möglich, dass sich Menschen miteinander unterhalten können, ohne im selben Raum, im selben Haus, in derselben Stadt, im selben Land oder auch nur auf demselben Kontinent zu sein. Möglich machte das der Amerikaner Thomas Bell mit der Erfindung des Telefons. Und wer erkannte sofort das Potenzial dieser neuen Entwicklung? Genau, Heinrich von Stephan, der nimmermüde Postbeamte aus Berlin. Er ließ sich direkt ein Gerät liefern und als im Oktober 1877 ein erstes Telefon in Deutschland klingelt, ist Stephan nicht nur dabei, sondern mittendrin. Er ist der erste Telefonanrufer der deutschen Geschichte. Dieser Moment ist auf einem Gemälde der Ausstellung verewigt, auf dem er in entschlossener Macherpose am Tisch sitzt, die Hand auf den Oberschenkel stützt und das Telefon ans Ohr drückt. Er schaut dabei so entschlossen in die Ferne, wie es sonst nur griechische Helden vor dem Aufbruch zu neuen Abenteuern tun.

Überraschenderweise sollte sich das Telefon aber nicht sofort durchsetzen. Ganz im Gegenteil stieß es auf breite Ablehnung und Heinrich von Stephan musste seine ganze visionäre Sturheit aufbringen, um die Kritik und Häme zu überstehen, die seine Begeisterung für das neuen Medium auslöste. Den Menschen war diese Erfindung nicht geheuer. Es gab Gerüchte, dass Telefonmasten Blitze anziehen würden und überhaupt hatten die Zeitgenossen für diesen *Telephontrubel* kein Verständnis. Zu viel Neuland selbst für eine Zeit, die so viele technische Neuerungen erlebte wie keine davor oder danach. Heinrich von Stephan konnte das alles nicht verunsichern und allmählich schwand das Misstrauen und machte einem zunehmenden Interesse Platz. 1896, zwanzig Jahre nach der Erfindung des Telefons, gab es in Berlin schon mehr Fernsprechgeräte als in ganz Frankreich. Der angebliche *Telephontrubel* wurde doch noch zum *Telephonfieber* und Berlin in jener Zeit zum Telefonmekka der Welt. Im Jahr 1900 hat es 40.000 Telefonanschlüsse – wenn auch zumeist als öffentliche Fernsprechzellen. Das eigene Telefon bleibt noch lange ein Luxus. 1966 haben in der DDR nur 300.000 Wohnungen eines, in der BRD bis 1973 immerhin die Hälfte aller Haushalte.

Für einen Moment müssen wir aber zurück ins Jahr 1896. Nach Italien. Zu einem Tüftler mit Namen Guglielmo Marconi. Er ist es, der mit seinem Patent auf die drahtlose Telegrafie die elektrische Telegrafie so ins Aus beförderte, wie diese es ein halbes Jahrhundert zuvor mit der optischen Telegrafie getan hatte. Nachrichten mussten jetzt nicht mehr über Kabel oder andere Hilfsmittel versendet werden, da diese neue Technik auf elektromagnetische Wellen setzte (auf denen bis heute noch Radio und Fernsehen basieren). Wo auf der persischen Königsstraße die schnellsten Boten noch elf Tagen benötigten, um eine Nachricht zu überbringen, reichte jetzt eine Hundertstelsekunde für die gleiche Strecke.

In Deutschland begann im Jahr 1923 das Rundfunkzeitalter und sorgte ebenso für Begeisterung, wie wenige Jahre später die Einführung des Fernsehers. Wobei die Anfänge einer weiteren bahnbrechenden Entwicklung in jener Zeit fast unbemerkt blieb. 1931 wurde der Computer erfunden, doch es sollte noch zwanzig weitere Jahre dauern, bis er für die kommerzielle Nutzung zur Verfügung stand. Erst mit der Erfindung des Mikroprozessors 1971 begann schließlich ein Schrumpfungsprozess, der im 21. Jahrhundert sogar PCs in der Größe von Briefmarken hervorbrachte und nichts mehr mit den Ungetümen aus den Pioniertagen zu tun hatten, die noch ganze Zimmer ausfüllten. Ab den 1980er-Jahren wandelte sich der Computer zum multimedialen Begleiter, für den es Spiele zu kaufen gab. Er wurde vom reinen Arbeits- zum Freizeitgerät. Nichts hat die menschliche Kommunikation – mit Ausnahme des Zungenbeins vor 1,9 Millionen Jahren – wohl so nachhaltig verändert, wie der Computer und die Digitalisierung im 21. Jahrhundert. Der bisher letzte große Schritt war dabei das Internet im Jahr 1991. Der Johannes Gutenberg dieser Technologie heißt Tim Berners-Lee, ist Brite und hatte im Forschungszentrum CERN in der Schweiz den ersten Webserver in Betrieb genommen. Auf seinem Foto im Museum sieht er so erstaunt aus wie jemand, der bis heute nicht begreifen kann, was er eigentlich ausgelöst hat, während auf dem ebenfalls ausgestellten Server-Computer von damals noch ein halb abgekratzter Aufkleber in roter Schrift warnt: *„This machine is a server. DO NOT POWER IT DOWN!!"* Und weil damals offenbar niemand aus Versehen diesen Server ausgeschaltet hat, haben wir heute das Internet. Mit dem Computerzeitalter hat der Mensch sich übrigens einen Konkurrenten erschaffen. Wir sind nicht mehr länger die einzigen, die Daten sammeln. Computerprogramme und Algorithmen tun das sogar noch besessener als wir. Tag und Nacht und – bislang zumindest – ohne die leiseste Idee davon, warum eigentlich.

Auch die Kriegstaktiken haben sich immer an die kommunikativen Veränderungen angepasst. Dabei fällt auf, dass die militärische Führung stets jede Gelegenheit nutzte, um sich weiter von der Front zu entfernen. Vorbei die Zeiten, in denen sich antike und mittelalterliche Helden an der Spitze ihrer Armee in die Schlacht stürzten. Zu Beginn des Deutsch-Französischen Kriegs 1870 saß beispielsweise der Chef des deutschen Generalstabs in Mainz und gab von dort seine Befehle durch. Mit dem Telegrafengerät und hundertdreißig Kilometer von den Schlachtfeldern in Elsass und Lothringen entfernt. Im 21. Jahrhundert können sogar ganze Weltmeere zwischen Generälen und den von ihnen befehligten Soldaten liegen. Jeder nutzt den Fortschritt eben auf seine Art und sei es auch nur, um vor den Schlachten in Sicherheit zu sein, die man selbst befehligt.

Und damit endet dieser Rundgang durch 2,9 Millionen Jahre, die vom grunzenden Urzeitmenschen zum Homo smartphonis führten. Die Ausstellung hat gezeigt, dass Schrift mit Kommunikation eng verbunden ist und für die Entwicklungen menschlicher Zivilisationen von ent-

scheidender Bedeutung war. Am Anfang der ersten großen
Reiche der Geschichte stand eine Form von Schriftsystem,
weswegen ich mehr über diese Kulturtechnik erfahren will.
Seit wann kann die Menschheit schreiben? Das will ich im
Buchmuseum Leipzig erfahren.

7

Schrift – Kann ich das bitte schriftlich haben?

Ort: Deutsches Buch- und Schriftmuseum in Leipzig

Das Buchmuseum in Leipzig wurde 1884 eröffnet, was es zum ältesten Museum seiner Art macht. Seitdem hat es mehrere Namensänderungen sowie eine kleine Reise durch die Stadt hinter sich. Während es als Deutsches Buchgewerbe-Museum begann und mittlerweile das Deutsche Buch- und Schriftmuseum ist, hat es nicht weniger als vier Umzüge mitgemacht. Heute ist es Teil des atomaren Kerns der deutschen Kultur, da es zum selben Gebäudekomplex wie die deutsche Nationalbibliothek und das deutsche Nationalarchiv gehört. Während man die Bibliothek nur mit Besucherausweis und das Archiv gar nicht betreten darf, ist der Eintritt ins Museum dafür kostenlos.

Seit die Menschen vor etwa 5000 Jahren die Schrift erfunden haben, haben sie nicht mehr mit dem Schreiben aufgehört. Was wohl am eindrucksvollsten zeigt, wie wichtig diese Kulturtechnik ist. Der Vorteil einer Schriftkultur

G. Böss, *Vom Urknall bis zum E-Auto*, https://doi.org/10.1007/978-3-658-42337-7_7

im Vergleich zu schriftlosen besteht unter anderem in der leichteren Sammlung und Bewahrung von Wissen, da es nicht mehr mündlich weitergegeben werden muss, sondern über Generationen hinweg vererbt werden kann. Bei einer rein mündlichen Weitergabe reicht schon der zu frühe Tod eines Wissensträgers, um die Kette für immer zu zerreißen.

Auch der Aufbau komplexer Gesellschaften ist ohne ein Schriftsystem nicht möglich, da das Verhältnis der Menschen zur Verwaltung irgendwie dokumentiert werden muss, ebenso die Preise auf dem Markt, die Größe der Herden, die Zahl der Felder oder die Kosten für die Soldaten, um nur einige Beispiele zu nennen. Sobald eine menschliche Gemeinschaft über den sozialen Zustand von „jeder kennt jeden" hinausgewachsen ist, zerfällt sie entweder oder organisiert sich und braucht dafür eine irgendwie geartete Verwaltung, die Zahlen, Daten und Gesetze niederschreiben kann. Schrift ist darum das tintenblaue Rückgrat jeder Gesellschaft.

Wie hat sich die Schrift aber entwickelt? Im Grunde gibt es zwei Ansätze, die sich durchgesetzt haben. Bildschriften sind der eine, zu dem etwa die assyrische Keilschrift und die ägyptischen Hieroglyphen gehören. Zwar sind beide mittlerweile ausgestorben, nachdem sie über Jahrtausende hinweg genutzt wurden, was aber nicht für die Bildschrift an sich gilt. Im Gegenteil. Die längste durchgehend im Gebrauch befindliche Schrift, die chinesische, wird schon seit über 3000 Jahren verwendet. Für den Alltag sind dabei 3000 bis 5000 Zeichen ausreichend, wer jedoch Freude und erstaunliches Talent am Vokabellernen hat, kann auch das vollständige Schriftsystem auswendig lernen. Alle 85.000 Zeichen. In der westlichen Welt hat sich aber der andere Ansatz durchgesetzt, der auf einem genial simplen System beruht: dem Alphabet! Die Besonderheit besteht darin, dass die Buchstaben für sich keine Bildbedeutung haben, wie in den Bildschriften. Stattdessen ergibt sich ihr

Sinn erst aufgrund ihrer Zusammensetzung. Das macht sie wandelbar und sorgt für eine praktisch unerschöpfliche Zahl an möglichen Worten. Das erste Alphabet hatten sich dabei die Phönizier um das Jahr 1250 v. Chr. herum ausgedacht. Es bestand noch aus zweiundzwanzig Buchstaben, allesamt Konsonanten, ehe es um 800 v. Chr. die Griechen übernahmen und um die Vokale ergänzten, bevor es über die Etrusker die Römer erreichte und von ihnen ausgehend dieses Buch hier und womöglich ihren enttäuschten Leserbrief, sollte es ihre Erwartungen nicht erfüllen. Die deutsche Sprache folgt dem lateinischen Alphabet, bei dem es sich um das erfolgreichste der Geschichte handelt.

Religiöse Schriften, Gesetzestexte und biedere Zahlenkolonen zur wirtschaftlichen Situation der Stadt oder des Landes, waren die drei wichtigsten Gründe, um Texte anzufertigen. Über lange Zeit hinweg blieb das Schreiben dabei winzigen Eliten vorbehalten und es gab auch keine Anstrengungen, daran etwas zu ändern. Erst ab dem 12. Jahrhundert tat sich in dieser Hinsicht etwas. Der Kreis derer, die Texte anfertigten und in Auftrag gaben, erweiterte sich, was an der *„Gründung von Universitäten, der höfischen Kultur, dem Aufschwung von Handel und städtischer Verwaltung"* sowie dem *„aufkommenden Bürgertum"* lag. Neben theologischen Texten gab es jetzt zunehmend welche, die sich mit praktischen und lebenswirklichen Themen auseinandersetzten. Im Grunde erschienen damals schon die ersten Ratgeber, die sich mit der Alltagsbewältigung beschäftigten. Auch die Künste wurden zunehmend in Büchern aufgegriffen und es entstand volkstümliche Literatur. Wer nun aber denkt, dass ein mittelalterlicher Bauer, ein Hausmädchen oder ein Schusterjunge etwas mit diesen Entwicklungen anfangen konnte, irrt sich. Weiterhin richteten sich diese Publikationen nicht an die breite Öffentlichkeit und selbst, wenn diese in ihrer Muttersprache hätte lesen können (was sie nicht konnte), hätte ihr das nicht weitergeholfen. Die Werke jener Zeit erschienen fast immer auf Latein.

Wer sich die erste Keilschrift ausdachte, wissen wir nicht, da die gleichgültig vergehende Zeit längst über diesen brillanten Kopf hinweggegangen ist, der vor vielen Jahrtausenden irgendwo geboren wurde, eine für den Lauf der Menschheitsgeschichte entscheidende Idee hatte und schließlich irgendwo starb. Dafür wissen wir aber umso mehr über jenen Johannes Gutenberg aus Mainz, der im 15. Jahrhundert durch die Erfindung des Buchdrucks ebenfalls den Lauf der Welt beeinflusste. Zumindest würde man denken, dass wir viel über ihn wissen. Die erstaunliche Wahrheit ist aber, dass das nicht stimmt. Es ist nicht klar, wann genau er geboren wurde (um das Jahr 1400 herum) und auch nicht, wo (vermutlich in Mainz) und auch nicht, wann genau er seine bahnbrechende Erfindung machte (zirka 1450). Ja, die größte Überraschung ist vielleicht, dass wir nicht einmal wissen, wie Gutenberg ausgesehen hat. Es gibt zwar viele Gutenberg-Büsten, auf denen sein berühmter Denkerkopf mit den strengen Gesichtszügen beeindruckend aussieht, doch sie sind eine reine Fantasie. Es existieren keine Gemälde oder Schriftstücke, die Hinweise auf sein Aussehen geben würden. So gesehen verrät unser Gutenberg-Bild vor allem etwas darüber, wie sich die Nachwelt einen neuzeitlichen Visionär vorgestellt hat.

Wie bedeutsam diese Erfindung war, zeigt sich daran, dass von ihr praktisch sofort kulturelle und soziale Schockwellen ausgingen. Endlich mussten Schriften nicht mehr aufwändig per Hand abgeschrieben werden, sondern standen in großer Zahl und in identischer Qualität zur Verfügung. Nicht jede Erfindung rund um den Buchdruck konnte aber mit einer solch überragenden Sinnhaftigkeit aufwarten. So wird im Museum ein Bücherrad vorgestellt, zu dem es heißt: *„Um die gleichzeitige Lektüre mehrerer Folianten zu erlauben, entstanden technische Kuriositäten wie* *das Bücherrad.*" Kurios war es tatsächlich. Es handelte sich um ein Mühlrad, das kein Wasser schöpfte, sondern mit seinen Schaufeln ein Buch festhielt. Auf diese Weise drehte es sich langsam und bot dem Leser mit jeder vorbeidrehenden Schaufel eine andere Lektüre an. Es sollte nicht überraschen, dass die Erfindung des Bücherrads in der Weltgeschichte weniger tiefe Spuren hinterlassen hat als die der Druckerpresse.

Der Buchdruck sorgte für mehr Bildung, aber auch für mehr Hass und Propaganda in der Gesellschaft. So überzogen sich im 16. Jahrhundert die katholische Kirche und die protestantische Reformation gegenseitig mit beleidigenden und bösartigen Texten beziehungsweise – weil weiterhin fast niemand lesen konnte – vor allem mit beleidigenden und bösartigen Karikaturen. Zugleich aber hatte der Buchdruck eine wahre Wissensexplosion zur Folge, die sich nicht mehr aufhalten ließ. 1543 wurde das erste moderne Anatomiebuch veröffentlicht, 1557 das erste wissenschaftliche Werk zur Zoologie und noch vor Ende des Jahrhunderts fühlte sich der Erste dazu auserwählt, eine *wissenschaftliche Weltbeschreibung* vorzulegen. Darin wurde das Grundlagenwissen aus Geschichte, Geografie, Astronomie und Naturwissenschaften sowie der Landes- und Volkskunde erfasst. Es wurde ein Erfolg und das meistgelesene Buch seiner Zeit (nach der Bibel), wobei die Verkaufszahl von 60.000 Exemplaren innerhalb der ersten 84 Jahre schon andeutet, dass von einem Buchmarkt im heutigen Sinne noch keine Rede sein konnte. Auch Briefwechsel von Gelehrten wurden jetzt publiziert, ebenso Dispute und Forschungsergebnisse. Unaufhaltsam nahm die Zahl der Veröffentlichungen zu – aber weiterhin fast nur in Latein und selten in der Landessprache. 1682 folgte die „Erste wissenschaftliche Zeitung Deutschlands", bevor das 18. Jahrhundert die Lexika für sich entdeckte. Verlage übertrafen sich darin, vielbändige Nachschlagwerke auf den

Markt zu bringen. Ein ab 1732 ursprünglich mit acht Bänden geplantes „Zedlersches Lexikon" wuchs schließlich auf 64 Bände an und wurde mit 290.000 Einträgen die umfangreichste deutschsprachige Enzyklopädie ihrer Zeit. Was hingegen schrumpfte, war die Länge des Titels, der in der Erstauflage noch raumgreifend lautete: „Grosses vollständiges Universal-Lexicon Aller Wissenschafften und Künste". Wobei selbst das ein bescheidener Werksname ist, wenn er mit dem „Reales Staats- und Zeitungs-Lexicon" verglichen wird, das erst ab der dritten Auflage 1708 so hieß und davor über eine sintflutartig-maßlose Überschrift verfügte, die vollständig wiederzugeben reine Schikane wäre. Darum hier nur der Anfang: *„Reales Staats- und Zeitungs-LEXICON Worinnen sowohl die Religionen und Orden, die Reiche und Staaten, Meere, Seen, Flüsse, Städte, Vestungen, Schlösser, Häfen, Berge, Vorgebürge, Pässe, Wälder und Unterschieder der Meilen, die Linien deutscher Häuser (…)"*. Ja, soweit ein kurzer Einblick in den Titel, der damit noch lange nicht bei der Hälfte seiner Gesamtlänge angekommen ist. Es macht fast den Eindruck, als wäre das ganze Konzept *Überschrift* in jener Zeit noch umstritten gewesen. Ein besonders eifriger Verfasser lexikalischer Texte war der Berliner Naturwissenschaftler und Arzt Johann Georg Krünitz. Er brachte von seiner „Oeconomischen Encyclopädie" beachtliche 71 Bände heraus, bevor er 1796 während der Arbeit an Band 72 tot über dem Schreibtisch zusammenbrach. Erstaunlicherweise, als er gerade den Beitrag zum Thema *Leiche* schrieb. Ob diese Anekdote nun so stimmt oder nur für den amüsant-makabren Effekt verbreitet wurde, weiß niemand, ist aber eine gute Gelegenheit, um auf das Thema Buchwerbung einzugehen. Die gab es nämlich damals schon. So zeigt das Museum eine illustrierte Anzeige aus dem späten 15. Jahrhundert und aus dem 16. Jahrhundert unter anderem Leseproben für die neugierige Kundschaft. Eine damals übliche, heute aber ausgestorbene Verkaufsstrategie bestand darin, „Buchbürgen" zu gewinnen. Dabei handelte es sich um Käufer, die die Abnahme einer bestimmten Zahl an Exemplaren zusicherten und ihrerseits versuchten, dafür Abnehmer zu finden. Für den Verlage hatte das den Vorteil, dass eine gewisse Planungssicherheit darüber bestand, wie viele Exemplare mindestens verkauft werden können. Jedenfalls hätte in diese erwachende Welt des Buchmarketings wunderbar eine Anekdote gepasst, laut der ein Autor ausgerechnet beim Verfassen eines Artikels zum Thema *Leiche* zu eben dieser wurde.

Was in jener Zeit noch recht großzügig gehandhabt wurde, war der Umgang mit fremden Texten und Quellen. So bestand das weiter oben erwähnte „Zedlersches Lexikon" weitgehend aus Plagiaten. Der namengebende Herausgeber Johann Heinric Zedler konnte die Kritik an seinem Vorgehen allerdings kaum verstehen, schließlich habe er sich doch aus französischen Werken bedient und deren Verfasser hätten sich nicht beschwert. Von solchen Skandalen ungetrübt, nahm die Produktion von Büchern weiter zu und die Themenauswahl fächerte sich zunehmend auf. So erfreuten sich im 18. Jahrhundert erstmals Romane einer immer größeren Beliebtheit, weswegen ein Publizist jener Zeit in der für Menschen üblichen Überhöhung der eigenen Epoche schrieb: *„So lange die Welt stehet sind keine Erscheinungen so merkwürdig gewesen als in Deutschland die Romanleserey und in Frankreich die Revolution."* Offenbar störte ihn an der *Romanleserey* vor allem, welche Leser sie ansprach. Mit Frauen, Dienstboten und Bauern erreichte dieses literarische Fach Gruppen und Schichten, die bisher wenig bis gar nicht Teil der lesenden Gesellschaft waren. Möglich machte das die Entwicklung, Bücher nun zunehmend auf Deutsch zu veröffentlichen, was die Leser prompt mit bislang nicht gekannten Verkaufszahlen honorierten. Kulturpessimistische Zeitgenossen warnten hingegen vor einer *Lesesucht* oder gar *Lesewut* und warfen Romanen vor, den Müßiggang zu fördern und für einen fragwürdigen Lebenswandel zu sorgen. Eine Zeichnung mit dem Titel „Das leselustige Kindermädchen" greift diese Befürchtung auf. Eine junge Frau ist darauf zu sehen, die im Gehen in ein Buch vertieft ist und nicht merkt, dass ihr längst das Kind aus dem Kinderwagen gefallen ist, den sie nachlässig hinter sich herzieht. Die Botschaft ist klar: Lesen ist gefährlich und vor allem Frauen sind gefährdet, an dieser Lesesucht und -wut zu erkranken.

Doch all diese Warnungen konnten nicht verhindern, dass Frauen sich das Lesen nicht mehr nehmen ließen – und heute übrigens in Deutschland deutlich mehr Bücher kaufen als die Männer. Für Leser, die sich den Kauf von Büchern nicht leisten konnten, eröffneten im 19. Jahrhundert Leihbibliotheken, wo für wenig Geld Werke ausgeliehen werden konnten. Zahlungskräftigere Kreise taten sich hingegen in Lesegesellschaften- und zirkeln zusammen und besprachen dort die Romane der Saison. Diese griffen immer öfter Tabus auf, die bis dahin nicht oder kaum öffentlich besprochen wurden. Wobei so manches damaliges Skandalwerk heute eher als langweilige Pflichtlektüre in der Schule gilt. Diesen Weg hat beispielsweise *Effi Briest* von Theodor Fontane hinter sich, in dem es um Ehebruch geht und als wäre das nicht schon empörend genug, auch noch um Ehebruch durch eine Frau. Darum galt Fontanes Werk vielen als unmoralisch und als eine Gefahr für Tugend und Moral. Ähnliche Vorwürfe wurden gegen Madame Bovary von Gustave Flaubert erhoben, der im Grunde eine deutlich explizitere Version von *Effi Briest* vorgelegt hatte, in der es ebenfalls um Affären geht und die weibliche Sexualität eine größere Rolle einnimmt. Neben solchen „Schund", der heute als Weltliteratur gilt, gab es noch weitaus provokantere Veröffentlichungen, die die herrschenden Moralvorstellungen frontal attackierten. Da im Gedichtband *Die*

Blumen des Bösen ungewohnt deutliche Gesellschaftskritik geübt wurde, musste sich ihr Verfasser Charles-Pierre Baudelaire vor Gericht gegen den Vorwurf sozialistischer Neigungen verteidigen, während es in *Camilla* von Joseph Sheridan Le Fanu zu einer erotischen Begegnung zwischen zwei Frauen kommt, was den Skandal auch schon in vollem Umfang beschreibt. Unzählige weitere Werke hatten ebenfalls einen gesellschaftskritischen Ansatz, hinterfragten die geltende (Doppel-)Moral und Bigotterie.

Daneben sah das 19. Jahrhundert auch die Veröffentlichung zweier der einflussreichsten Werke unserer Zeit. Zum einen *Das Kapital* von Karl Marx, das als Beschreibung ökonomischer Zu- und Missstände recht gut und als ideologisches Fundament für Staatsgründung ziemlich schlecht funktionierte und Charles Darwins *Die Entstehung der Arten*, das den Blick auf die Welt erschütterte, wie wenige andere Ereignisse in der Menschheitsgeschichte. Wegen all dem wundert es nicht weiter, dass mit dem Aufstieg des Buchs auch den Aufstieg der Buchzensur einherging. Womit eines der düstersten, nun ja, Kapitel in der Geschichte des Schrifttums aufgeschlagen wird.

Den ambitioniertesten Versuch der Zensur übte die katholische Kirche aus. Bei ihrer Zensurliste, dem so genannten Index, handelt es sich um den Versuch, den kompletten Buchmarkt zu kontrollieren. Dieser Versuch dauerte von 1559 bis 1948, wobei es dabei auch zu skurrilen Situationen kommen konnte. So wurde etwa im Jahr 1765 in Österreich eine Liste verbotener Bücher erstellt und den Behörden und Buchhändlern übergeben. Sie sollte dazu dienen, die Zensur leichter durchzusetzen, entwickelte sich jedoch unter der Hand selbst zu einer Empfehlungsliste besonders interessanter Werke. Was zur Folge hatte, dass diese Liste ihrerseits 1777 auf dem Index landete. Im Grunde ist die letztliche Abschaffung dieses Zensurwerkzeugs auch ein Beweis der Vitalität des Buchmarktes, denn die „schiere Fülle der neu erschienenen Schriften" machte es unmöglich, den Buchmarkt noch angemessen zu überwachen. Nachdem es ab 1948 keine Ergänzungen des Index mehr gab, wurde er 1966 endgültig abgeschafft.

So gesehen hat auch die industrielle Revolution – die in Kap. 15 noch genauer vorgestellt wird – ihren Anteil an der Index-Kapitulation der katholischen Kirche. Durch moderne Herstellungstechniken wuchs nämlich ab Mitte des 19. Jahrhunderts auch der Medien- und Buchmarkt noch einmal rasant an und wurde endgültig unüberschaubar. Die jetzt mögliche Massenproduktion sowie die Nutzung neuer Transportmittel wie der Eisenbahn, erlaubten eine schnellere Produktion zu günstigen Versandkosten und legte damit das Fundament dafür, dass wir heute im Zeitalter des Buchs leben. Jedes Jahr werden allein in Deutschland über 270 Millionen Werke verkauft, was die Deutschen zu einem der lesefreudigsten Völkern macht. Allerdings gibt es daneben auch die erschütternde Zahl 7,5 Millionen. So viele Menschen sind allein in Deutschland funktionale Analphabeten, die entweder nicht oder nur schlecht lesen und schreiben können (weltweit liegt die Zahl sogar bei 770 Millionen). Bleibt zu hoffen, dass alle Förderungsmöglichkeiten genutzt werden, damit diesen Menschen die Welt der Worte und Romane nicht verschlossen bleibt.

Wer führt aber eigentlich die ewige Bestsellerliste der Menschheit an? Ganz oben thront mit großem Abstand die *Bibel*, die mindestens drei Milliarden Mal gedruckt wurde, auf sie folgen Maos *Worte des Vorsitzenden*, die mit 500 Millionen Exemplaren aber weit abgeschlagen sind und sich außerdem ein enges Rennen mit einem Zauberjungen aus Hogwarts liefern, denn auch *Harry Potter* hat sich mittlerweile fast 500 Millionen Mal verkauft. Ebenfalls weit oben dabei sind der *Koran*, *Don Quijote*, *Der kleine Prinz*, *Herr der Ringe* und *Das Buch Mormon*. Die besten Chancen auf einen Bestseller hat also, wer das heilige Buch einer Religion schreibt oder sich an einem Abenteuerroman mit magischen Elementen versucht.

Damit geht der Rundgang, es ist tatsächlich ein einziger weiträumiger Ausstellungssaal im Erdgeschoss, zu Ende. Erst durch die Schrift wurde es möglich, dass der Mensch große Reiche gründete, die zu Hochkulturen aufsteigen konnten. Andernfalls hätte er die dafür nötige Verwaltung nicht aufbauen können, die sich um das Dokumentieren der Ernten, der Steuern und der Einwohnerzahl kümmerte. Eines der bekanntesten Beispiele dafür möchte ich genauer kennenlernen, das alte Ägypten. Dafür geht es nach Berlin ins Neuen Museum.

8

Frühe Hochkulturen – Eine Armee unbesiegbarer Beamter

Ort: Neues Museum in Berlin

„Frühe Hochkulturen" klingt ein wenig nach hochbegabten Kindern, die früher eingeschult werden und direkt eine Klasse überspringen, weil sie sich sonst langweilen würden. Das bekannteste dieser hochbegabten Kinder der Menschheit heißt Ägypten. Die Pharaonen umweht bis in unsere Tage etwas Geheimnisvolles und es würde sie vermutlich mehr irritieren als freuen, wenn sie von den Massen an Touristen wüssten, die heute ihre Grabstätten besuchen. Ich respektiere ihre Totenruhe (wobei bis auf Tutenchamun ohnehin kaum jemand in seinem ursprünglichen Grab gelassen wurde) und mache mich darum nicht auf den Weg ins Tal der Könige in Ägypten, sondern ins Neue Museum auf der Berliner Museumsinsel. Bei ihr handelt es sich um einen eng bebauten Bereich rund um den Berliner Dom, wo die Museen so dicht an dicht stehen, dass man aufpassen muss, nicht aus Versehen das falsche zu betreten.

Gebaut wurde das Neue Museum ab 1840 vom Architekten Friedrich August Stüler, dessen Raumgestaltung aus dem Gebäude selbst die eigentliche Attraktion machte. Es gibt historische Aufnahmen der Treppenhalle, die den Eindruck erwecken, als handelt es sich hier nicht um ein Museum, sondern um einen Tempel. Gewaltige Wandgemälde und Säulen, auf denen Dächer voller Verzierungen ruhten, ließen die eigentlichen Ausstellungen fast zur Nebensache werden. Das gefiel nicht jedem. So entschied etwa der Leiter der ägyptischen Abteilung im Louvre nach seinem Besuch, dass sein Haus nicht diesen Weg gehen wird. Heute, zwei Weltkriege später, ist von all dem aber ohnehin nichts mehr übrig. Das Gebäude verfiel lange Jahre hinweg und noch 1985 wuchsen Sträucher in der einst so beeindruckenden Treppenhalle. Mittlerweile ist das Museum renoviert und hat sich eine kühlere Ausstrahlung zugelegt. Wo es früher versuchte, antike Pracht zu kopieren, beschränkt es sich nun auf den starken Eindruck, den Weite und Höhe auf Menschen machen. Wer jetzt die Treppenhalle emporgeht, staunt nicht mehr über die Imitation von Prunk, muss sich aber auch nicht durch Gestrüpp und Brennesseln kämpfen. Mittlerweile geht es hier auf imposante Art steril zu.

Was macht nun aber Ägypten zum frühen Musterkind der Menschheit? Vor allem, dass es dort seit etwa 3000 vor Christus ein funktionierendes Reich gab, das etwa 3500 Jahre bestand hatte. Schon die schiere Dauer dieses Reiches ist kaum zu fassen. Die Bundesrepublik Deutschland müsste noch etwa fünfzigmal so alt werden, wie sie es heute ist, um auf 3500 Jahre zu kommen – was im Jahr 5449 der Fall wäre. Das erste Zeugnis dieser Zivilisation (jetzt wieder der ägyptischen, nicht deutschen), das ich mir ansehe, ist ein Grab. Wobei es *Grab* nicht so wirklich trifft. Es ist eher ein reich verzierter Sarkophag, auf dem Zahlen und Symbole ebenso abgebildet sind wie Götter und Jenseitsrichter. Ein tonnenschwereres Statussymbol für das Leben nach dem Tod. Wer in Ägypten etwas auf sich hielt, legte sich sogar einen Zweit- oder sogar Drittsarg zu. Wie bei Matrjoschkapuppen befanden sich oft kleinere Särge in größeren. Wobei der Verstorbene in seinen Multisärgen nicht allein war, es gab Beigaben in Form von Speisen und Getränken, von Schmuck und Kunsthandwerk, tönernen Gefäßen und Kochtöpfen. Man muss sich diesen Vorgang wohl so ähnlich vorstellen wie das heutige Beladen des Familienautos vor den Sommerferien, wo am Ende noch irgendwie der Grill, die Luftmatratze und die Kiste Mineralwasser reingequetscht werden müssen. Die Parallelen gehen sogar noch weiter, denn was im 21. Jahrhundert das satellitengesteuerte Navigationsgerät ist, hieß früher Totenbuch und beschrieb den Ort, zu dem die Verstorbenen aufbrechen. Wobei es viel mehr als nur ein etwas morbider Reiseführer ist. Es dient auch als Knigge, als Nachschlagwerk und als Rat- und Stichwortgeber. Der Verstorbene konnte sich darin beispielsweise über die Eigenheiten von Göttern und anderen übernatürlichen Geschöpfen erkundigen, die im Jenseits von Bedeutung waren. Auch finden sich in ihm Formeln und Worte, die an bestimmten Übergängen gesprochen werden müssen, um durchgelassen zu werden. Andere dienen als Schutz gegen Dämonen und sonstigen Feinden. Es wäre also sehr unklug gewesen, ohne Totenbuch die Reise in die Ewigkeit anzutreten. Kein Wunder, dass es viele als Amulett mit ins Grab nahmen. Auf diese Weise konnten sie es auf keinen Fall vergessen.

Dass die Ägypter zu so komplexe Beerdigungsriten in der Lage waren, zeigt die zunehmende Geschwindigkeit der menschlichen Entwicklung ab jener Zeit. Zuvor hatte sich die Menschheit mit Innovationen immer viel Zeit gelassen, wie der Faustkeil zeigt. Nachdem er erfunden wurde, blieb er über hunderttausende Jahre hinweg das Werkzeug der Wahl. Offenbar waren tausende Generationen an Menschen zufrieden mit dem, was ihnen die Generation vor ihnen hinterließ und dem, was sie der Generation nach sich hinterließen: eine Welt nämlich, in der die Antwort auf alle

Herausforderungen *Faustkeil* lautete. Von daher ist es erstaunlich, dass nur etwa siebentausend Jahre zwischen der Sesshaftwerdung der Menschen und der Gründung des alten Ägyptens liegen und nur etwa 10.000 Jahre zwischen den letzten Höhlenmalereien und den ersten Pyramiden. Nichts verdeutlicht stärker, dass die ersten Hochkulturen vor allem erste Innovationsmotoren waren, die das schöpferische Potenzial der Menschen voll ausschöpften. Das hier ausgestellte Gräberfeld, das Steinmetzkunst aus über dreißig Jahrhunderten vereint, ist auch ein Beleg für die nie nachgelassene Faszination der alten Ägypter für das Leben nach dem Tod.

Kurz darauf betrete ich einen Nebenraum und stelle fest, dass es hier mit dem Sterben direkt weitergeht. Hinter Glas ist ein Sarg aufgestellt, der knapp 2300 Jahre alt ist und wie ein volltätowierter Mensch aussieht. Überall Muster aus Dreiecken und Karos, daneben Blumenmotive und reihenweise Hieroglyphen. Außerdem vier Wesen, von denen zwar alle menschliche Körper haben, aber nur eines auch einen menschlichen Kopf. Die drei anderen präsentieren sich stattdessen mit Affen-, Schakal- und Falkenköpfen, was sie als Göttersöhne erkennbar macht, die den Verstorbenen vor bösen Kräften bewahren sollen. Was die Details des menschlichen Körpers angeht, können aber auch die Ägypter nicht das geringe anatomische Fachwissen ihrer Zeit verleugnen. In einer Vitrine sind Gefäße ausgestellt, in denen die Eingeweide eines Verstorbenen aufbewahrt wurden. Damit sollte sichergestellt werden, dass sein Körper auch im Jenseits funktionsfähig bleibt. Offenbar war den Pharaonen noch nicht bewusst, dass Lunge, Herz und Darm nicht aus der Ferne den Tätigkeiten nachgehen können, die sie im Körper erfüllen.

Natürlich haben die Ägypter aber nicht nur Sarkophage hinterlassen. Wenige Schritte neben den Gefäßen für die sehr optimistische Organwanderung, folgt ein Schaukasten voller Götter im Miniaturformat. Neben all dem, was man in einem polytheistischen Götterhimmel erwarten darf (Götter für Krieg, Ernte, Gesundheit, Liebe u. ä.), gibt es sogar einen Beamtengott. Der heißt Thot und ist für das Schreiben zuständig, womit er die Bedeutung unterstreicht, die einer gut funktionierenden Verwaltung schon vor tausenden Jahren zufiel. Weil alles seine Ordnung haben muss, führt er auch beim Totengericht Protokoll. Für diese Funktion nimmt er das Aussehen eines Ibisvogels mit entsprechend langem Schnabel an. Daneben gibt es auch Darstellungen mit menschlichem Aussehen, aber selbst dann behält er seinen charakteristischen Vogelkopf bei. Wobei diese Götterwelt auch zeigt, dass die alten Ägypter unsere heutige Sicht auf den Kosmos nicht teilten. Sie sahen die Sache so: Es gibt einen Schöpfergott, der am Ende auch wieder alles vernichten wird. Dazwischen haben sich vor allem Amun, Re und Ptah unsere dauerhafte Dankbarkeit verdient, weil sie die Welt erschaffen haben, den Lauf der Sonne regeln und uns mit Weisheit ausstatten. Wie alle Kulturen, die sich ihre eigenen Götter erschufen, brachte auch die ägyptische höchst patriotische hervor, die das eigene Heimatland zum Nabel der Welt erklärten. Mit Osiris war sogar ein Gott erster Herrscher am Nil, bevor er umschulte und die Unterwelt übernahm, und seinen Sohn Horus die Staatsgewalt überließ. (Wobei „umschulen" hier einer extremen Verharmlosung gleichkommt, denn tatsächlich wurde er von seinem eigenen Bruder zerstückelt, der wiederum von Osiris Sohn getötet wurde, der wiederum auch zerstückelt wurde, weil er seine Mutter angriff, die gleichzeitig die Frau und Schwester vom „umgeschulten" Osiris war. Man merkt, dass es nicht nur auf dem griechischen Olymp scham- und sittenlos zuging.) Alle menschlichen Pharaonen regierten danach als Stellvertreter der Götter und verfügten über einen exklusiven Zugang zu ihnen. Außerdem waren menschliche Pharaonen immer gleichzeitig männliche Pharaonen, wobei es nicht ausblieb, dass es zu Ausnahmen kam. Die Pharaonin Hatschepsut ließ sich allerdings in männlicher Kleidung darstellen, um nicht zu provozieren, da es den Ägyptern offenbar ohne Weiteres einleuchtete, dass Berge Götter zur Welt bringen können, während zugleich eine Frau als würdige Anführerin ihre Vorstellungskraft übertraf.

Während ich darüber nachdenke, stehe ich plötzlich vor dem ältesten Spielzeug, das ich je gesehen habe. Ein grünes Krokodil aus Holz, dessen Maul sich durch einen Schnappmechanismus öffnen und schließen lässt. Es ist 3500 Jahre alt und würde heute immer noch erfolgreich im Kinderzimmer bestehen können. Womit es ähnlich alt ist wie das Brettspiel Senet daneben, das an einen Schuhkarton aus Holz erinnert, in dessen Oberfläche zehn Reihen von jeweils drei Spielfeldern eingeritzt wurden. Wie genau dieses antike „Ägypter ärgere dich nicht!" gespielt wurde, weiß ich nicht, aber es scheint populär gewesen zu sein. Während ich mir vorstelle, wie einst ägyptische Kinder aufgeregt mit solchem Spielzeug beschäftigt waren, merke ich, dass mich eine Aufseherin misstrauisch aus dem Zimmereck heraus beobachtet. In Ägyptenausstellungen wird ohnehin viel beobachtet. Aufmerksame Augenpaare, die seit Jahrtausenden nicht geblinzelt haben, wachen auf Mumien, Sarkophagen und heiligen Steintafeln. Es gibt kaum einen wertvollen antiken Gegenstand, der nicht in der Lage wäre, Blicke zu erwidern.

Immer wieder betonten Infotafeln, wie viel die Ägypter über Mathematik, Astronomie und Medizin wussten. Auch die Chirurgie beherrschten sie angeblich, was ich aber bezweifle. Toten Menschen Organe zu entnehmen, macht einen noch nicht zum Chirurgen, denn der Patient ist ja schon tot. Operationen an lebenden Menschen dürfte sich hingegen für den Betroffenen nicht wesentlich anders angefühlt haben als brutale Folter, die sie meist nicht überlebten.

Mich zieht es jetzt, wie die meisten anderen Besucher, mit Macht zum unbestrittenen Star dieses Museums hin: der Nofretete. Dabei führt der Weg auch durch einen Raum mit allerlei Figuren und Figurengruppen. Hier stellt sich heraus, dass Menschen auch Jahrtausende vor der Erfindung des Fotoapparats Familienporträts anfertigen ließen. Damals dauerte die Fertigstellung nur eben statt weniger Sekunden viele Monate. Das Erinnerungsstück bestand nämlich aus massivem Stein, in den mit Hammer und Meißel Vater, Mutter und Kind eingearbeitet wurden. Bezahlbar war eine solche Auftragsarbeit nur für die gesellschaftliche Elite, weswegen ich hier vor einem obersten Reinigungspriester des Gottes Ptah (also einem der drei Schöpfergötter) stehe, der sich irgendwann zwischen 1279 und 1213 vor Christus gemeinsam mit seinen Lieben für ein gemeinsames Erinnerungsfoto, ähm, einen gemeinsamen Erinnerungsstein zusammenfand. Er sitzt zwischen Frau und Tochter und alle drei lächeln und strahlen Harmonie und Zufriedenheit aus. Die Atmosphäre erinnert erstaunlich stark an moderne Familienbilder und hat nichts mit den ernsten und pathetischen Mienen zu tun, die in der griechischen und römischen Antike üblich waren und Cäsar nicht ein einziges Mal ein Lächeln gönnten. Diese ernste Mimik übernahm das Christentum, die den Sohn Gottes auch durchgehend mit bedeutungsschweren Gesichtszügen zeigte, und prägte damit den Stil der europäischen Malerei des Mittelalters und der Renaissance. Kurzum: Historisch gesehen gab es nie viel zu lachen auf Statuen und Gemälden. Umso schöner, dass es die Familie des Priesters schaffte, sich diesem Trend lächelnd zu entziehen. Zwar konnte ihr massives Familienporträt nicht mehr vom Fleck bewegt werden, sobald es erst einmal an seinen Bestimmungsort gewuchtet wurde, dafür ist es aber noch immer so gut erhalten wie an jenem fernen Tag vor über dreitausend Jahren, als diese kleine Familie sich in Stein meißeln ließ.

Doch schon wenige Schritte später folgt die tragischste Entdeckung dieser Ausstellung. In einem eigenen Raum steht die Büste der Nofretete. Lichtkegel sind auf sie gerichtet wie bei einem Hollywoodstar. Es gibt sogar ein Fotoverbot in ihrem Saal, der natürlich ein besonders repräsentativer ist. Schließlich ist Nofretete die große Sehenswürdigkeit des Museums. Sie befindet sich hinter Glas und gleich zwei Mitarbeiter bewachen sie. Zu Lebzeiten bestand ihre Garde vermutlich aus muskelbepackten jungen Männern, während es nun ein eher korpulenter älterer Herr ist und eine grauhaarige Frau, die durch ständige Blicke auf die Uhr gar nicht erst versucht zu verhelen, dass sie den Feierabend herbeisehnt. Nofretete ist eine Schönheit von knapp 3300 Jahren, die es sogar in einer zweiten Ausfertigung für blinde Besucher gibt. Im Eck ihres Prachtraums steht sie darum als ebenso glatte wie schwarze Version und darf berührt werden. Allein durch diese Büste hat sie es geschafft, zur berühmtesten Ägypterin nach Kleopatra zu werden. Was daran ist nun aber tragisch? Dafür muss man das VIP-Zimmer verlassen und in den Raum nebenan gehen. Dort gibt es zerbrochene Steintafeln zu sehen und viele kleine und große Tonfiguren – und eine arg zugerichtete Büste des Pharao Echnaton. Sie hat die gleiche Größe wie die der Nofretete, die eine seiner Gemahlinnen war. Einst war seine sogar deutlich beeindruckender gewesen, weil sie alle anderen Büsten in den Schatten stellen sollte. Doch Echnatons Feinde zerschlugen sie schon kurz nach seinem Tod, bevor Jahrtausende später im Zweiten Weltkrieg weitere Schäden hinzukamen. Darum steht Echnaton jetzt zerbeult und von den Besuchern übersehen rechts neben der Türe zum Nofretete-Raum. So hatte sich der Pharao die Ewigkeit sicher nicht vorgestellt. Auch sein Sohn (oder Enkel, das ist unklar) hat ihn übrigens in Sachen Popularität klar überholt. Sein Name: Tutanchamun.

Damit kommt meine Wanderung durch 3500 Jahre und drei Stockwerke ägyptische Hochkultur an ihr Ende. Was war nun der Grund für den Erfolg der Pharaonen? Vermutlich die Kombination aus Fluss und Schrift. Der Nil garantierte die fruchtbaren Böden und die Schrift machte eine funktionierende Verwaltung möglich, ohne die ein solches Reich nicht organisiert werden könnte. Obwohl der längste Fluss Afrikas im eigenen Reich ins Mittelmeer mündete, entwickelte sich Ägypten interessanterweise nie zu einer großen Seemacht. Was ein wenig erstaunt. Den Menschen zog es nämlich schon immer auf das Meer hinaus, obwohl ihn die Evolution in keiner Weise auf ein Leben dort vorbereitet hat. Wie kam es, dass ein Lebewesen, das von Natur aus nicht schwimmen kann und selbst, wenn es das gelernt hat, vergleichsweise miserable Leistungen abliefert, trotzdem wie magisch vom Wasser angezogen wurde? Darum geht es im nächsten Kapitel und es ist wohl angemessen, den Themen Wasser, Nautik und Seefahrt in Hamburg auf den (Meeres-)Grund zu gehen.

9

Seefahrt – Und ewig grüßt die Haifischflosse

Ort: Internationales Maritimes Museum Hamburg

Nachdem Peter Stamm Junior bemerkte, dass seine Villa bis in die letzten Winkel mit Büchern, Bildern und Gegenständen rund um die Seefahrt zugepackt war, hatte er eigentlich nur die Möglichkeiten, all den Plunder wegzuwerfen oder ein Museum zu gründen und ihn dort auszustellen. Er entschied sich für die zweite Option und wurde so zum Gründer des Internationalen Maritimen Museum Hamburg, das 2008 eröffnet hat. Es überrascht dabei ein wenig, dass diese alte Hafenstadt bis dahin ohne ein Seefahrtsmuseum auskommen musste. Peter Stamm Junior war ein manischer Sammler, der noch dazu Geld hatte, um seine Sammlung stetig auszuweiten. Wenn er nicht gerade historische Anker und Walfangnetze aufkaufte oder seiner riesigen Zahl an Miniaturschiffen ein weiteres hinzufügte, durchlief er eine erfolgreiche Karriere beim Axel Springer Verlag, die ihn bis in den Vorstand brachte. Sein Museum unterscheidet sich von den meisten anderen darin, dass es privatwirtschaftlich betrieben wird – wobei die Stadt für

G. Böss, *Vom Urknall bis zum E-Auto*, https://doi.org/10.1007/978-3-658-42337-7_9

das imposante Gebäude in bester Lage 99 Jahre lang keine Miete verlangt. Im Inneren merkt man sofort, dass es ursprünglich ein Getreidespeicher war. Mittlerweile wird hier keine Ware mehr verladen, sondern auf neun Decks, nicht Stockwerken, die Geschichte der Seefahrt vorgestellt.

Tatsächlich gehört sie zu den erstaunlichsten Kapiteln in der Geschichte der Menschheit. Von der Luft abgesehen, gibt es keinen Ort, der so wenig für den Menschen geschaffen scheint, wie das Wasser. Er kann in ihm nicht atmen und nur für kurze Zeit schwimmen (wenn er das überhaupt gelernt hat, da der Mensch das nicht von Anfang an kann, was einem zu denken geben sollte) oder tauchen. Der Mensch hat in diesem Element eigentlich nichts verloren und doch zog es ihn schon immer dorthin hinaus. Wobei er das fast nie aus reiner Lust am Abenteuer tat, meistens waren es wirtschaftliche Gründe und manchmal kriegerische und oft eine Mischung aus beide. Jedenfalls entwickelte er dabei recht früh gewisse nautische Fähigkeiten. So kannten die Menschen schon vor der Antike die Bedeutung des Polarsterns zur Orientierung, da er als einziger Stern am Himmel immer im Norden liegt, weswegen er auch Leitstern oder Schiffstern heißt. Auch wenn dieses optische Hilfsmittel am Nachthimmel mehr als nichts war, irrten die Seeleute trotzdem die weitaus längste Zeit der Seefahrtgeschichte hindurch über die Meere und ahnten nur so ungefähr, wo sie sich befanden. Und manchmal nicht mal das, wie das Beispiel des wohl berühmtesten See- und Falschfahrers Christoph Kolumbus deutlich macht. Dieser sah bis zu seinem Lebensende nicht ein, dass er sich im historischen Ausmaß verfahren hatte und nie in Indien gewesen war. Wenn man bedenkt, dass seine Reise von 1492 nur etwas mehr als 500 Jahre her ist, wird deutlich, wie schlecht es um die Orientierung zur See bestellt war. Übrigens wäre Kolumbus auch dann nicht der erste Europäer in Amerika gewesen, wenn er irgendwann doch noch eingesehen hätte, wo er an Land gegangen war. Der Grönländer Leif Eriksson hatte schon im Jahr 1021 Amerika erreicht und auch er nur als zweiter, da ihn die Reise des Isländers Bjarni Herjolfsson angespornt hatte, der 985 während einer Fahrt von Island nach Grönland weit von seinem eigentlichen Kurs abkam und nach seiner deutlich verspäteten Heimkehr von neuen Küsten und Ländern zu berichten wusste, die seine Mannschaft und er erreicht hatten.

Seefahrt und Irrfahrt gehörten lange Zeit so eng zusammen, dass schon mit Homer der Verfasser der griechischen Sagen Odysseus auf die namensgebende Odyssee schickte, die bis heute für nicht enden wollende Reisen voller Pannen und unangenehmer Wendungen steht. In China sah die Sache etwas besser aus, da dort schon früh, womöglich im ersten Jahrhundert nach Christus, der Kompass erfunden wurde, wobei es aber noch fast 1500 Jahre dauerte, bis er aus dem Reich der Mitte den Weg nach Europa fand. Während der Kompass sich als nützliches Instrument erwies, brauchten Seekarten recht lange, bis sie ein ähnlich zuverlässiger Begleiter wurden. Ja, man kann fast den Eindruck haben, dass es über Jahrhundert hinweg besser gewesen wäre, auf gut Glück und im Vertrauen auf die eigene Intuition zu reisen, statt sich an Karten zu orientieren, die weder genau noch aktuell waren und oft kaum etwas mit der Realität zu tun hatten. Da wimmelte es von Hinweisen auf Seeungeheuer, Wassergötter, fantastische Meervölker und sagenhafte Inseln. Es half auch nicht wirklich, dass im Mittelalter zunehmend weniger Wert auf *„geographische Wirklichkeit"* gelegt wurde als auf *„theologische Vorstellungen."* Das brachte so manchen Seefahrer zwar in den Besitz wunderschöner, aber vollkommen nutzloser Karten. Eine davon hängt im Museum aus. Auf ihr thront Jerusalem über dem Rest der Welt, während Jesus wiederum mit zwei Engeln über Jerusalem wacht. Die Welt selbst ist in drei Kontinente aufgeteilt und von Flüssen durchzogen, die erstaunlicherweise alle ihre Quelle in Jerusalem haben und damit in einer Stadt, die weder damals noch heute auch nur mit einem einzigen Fluss gesegnet ist. Das Studium solcher Karten lehrte einen sicherlich etwas über den christlichen Glauben, aber nichts darüber, wo sich das eigene Schiff gerade befindet.

Wobei die Kartografie, die sich nicht in der Darstellung eines idealisierten Jerusalems erschöpfte, vor der gewaltigen Herausforderung stand, dass Karten nicht gleichzeitig Flächen, Winkel und Abstände wiedergeben können. Dazu ist nur ein Globus in der Lage beziehungsweise eine dreidimensionale Darstellungsform. Die Lösung für dieses Problem lieferte der *„größte Kartenmacher seiner Zeit"*, Gerhard Mercator (1512–1592). Seine Idee war dabei, wie so viele geniale Idee, erstaunlich simpel. Um auf der Karte gerade Linien bereitstellen zu können, mussten die Länder entsprechend in die Länge gezogen oder gestaucht werden, um auf einer eindimensionalen Karte eine dreidimensionale Welt zu simulieren. Auf diese Weise konnte Mercator eine Winkeltreue anbieten, die davor undenkbar schien. Gleichzeitig haben wir praktisch alle wegen diesem Kartografen eine völlig falsche geografische Vorstellung unserer Welt, da seine Karte bis heute populär ist und Landmassen zum Teil grotesk verzerrt, um die Längen- und Breitengrade korrekt wiedergeben zu können. So erscheint zum Beispiel Russland doppelt so groß wie Afrika, während es in Wahrheit genau umgekehrt ist und Grönland wirkt zwar nicht viel kleiner als China, ist aber in Wahrheit sogar zweihundert Mal kleiner. Doch für den Zweck, den Mercator mit seiner Karte verfolgte, funktionierte seine Technik, und auf hoher See ist eine korrekte Angabe von Breiten- und Höhengraden wichtiger als die korrekte Darstellung bestehender Länder.

Neben solchen Karten und dem Kompass stand den Seefahrern ab dem 17. Jahrhundert zusätzlich ein weiteres

Instrument zur Verfügung, das Fernrohr. Auch wenn es zu Beginn oft die Perspektiven verzerrte, verdreckte Linsen hatte, das Bild auf dem Kopf oder seitenverkehrt zeigte oder all diese Makel zusammen aufwies. Von nun an ging es geradezu rasant weiter mit den Fortschritten. Immer neue Winkelmessinstrumente wurden entwickelt, die das Navigieren aus dem Zustand eines Ratespiels in den gesicherter Fakten überführen sollten, wobei selbst jetzt noch immer dramatische Kursabweichungen möglich waren. Es gab nämlich immer noch ein ungelöstes Problem, das zwischen der herumirrenden Seefahrt und der exakten Seefahrt stand: der Längengrad.

Den Breitengrad konnten erfahrene Navigatoren schon seit langem mit einem Winkelmessinstrument bestimmen. Aber bis ins 17. Jahrhundert konnte die Position auf See trotzdem nur geschätzt werden, da es für die genaue Bestimmung auch den Längengrad brauchte. Für die Seefahrt wurde die Suche nach einer Lösung zur Schicksalsfrage, denn viele tödliche Unfälle gingen auf Berechnungsfehler zurück, die durch ungenaue oder völlig falsche Längengraddaten provoziert wurden. Darum lobte das britische Parlament 1714 ein enorm hohes Preisgeld von 20.000 Pfund (ein Arbeiter verdiente damals etwa 10 Pfund im Jahr) für jenen aus, der das Längengradproblem löst. Als dieser jemand stellte sich der Uhrmacher John Harrison heraus, der das Chronometer erfand, wobei es ihn nur fast sein ganzes Forscherleben kostete, diese Lösung zu finden. Um den Längengrad zu ermitteln, mussten nun die eigene Ortszeit und die eines Bezugsortes bekannt sein, bevor aus deren Differenz die eigene Lage auf der Weltkarte berechnet werden konnte. Dank des Chronometers war genau diese Berechnung nun möglich.

Während damit ein drängendes Problem gelöst wurde, wartete ein anderes jetzt umso mehr auf seinen John Harrison-Moment. Bis Ende des 19. Jahrhunderts war eine direkte Kommunikation mit Schiffen praktisch unmöglich, sobald sie die Küstenregion verlassen hatten. Dort konnte noch mit Licht-, Rauch-, Böller-, und Flaggensignalen gearbeitet werden, aber auf hoher See war die Besatzung auf sich selbst zurückgeworfen. Erst die Funktechnik überwand diese Isolation. Dabei stellte sie ungewollt ein Gemeinschaftsprojekt internationalen Wissensdrangs dar. Theoretisch wurden elektromagnetische Wellen von einem schottischen Physiker (James Clerk) Mitte des 19. Jahrhunderts hergeleitet, der sich dabei auf Arbeiten eines englischen Forschers (Michael Faraday) aus dem frühen 19. Jahrhundert stützte, während ein deutscher Physiker (Heinrich Rudolf Hertz) im späten 19. Jahrhundert die Theorie des Schotten experimentell nachwies, bevor ein italienischer Physiker (Guglielmo Marconi, der schon in Kap. 4 als der Tüftler erwähnt wird, der ein Patent auf die drahtlose Telegrafie angemeldet hatte) im frühen 20. Jahrhunderts die Technik zur Marktreife führte und dafür zusammen mit Hertz einen Nobelpreis gewann.

1904 bekam der deutsche Erfinder Christian Hülsmeyer ein Patent anerkannt, das auf eben dieser Funktechnik aufbaute und ein Verfahren darstellte, um *„entfernte metallische Gegenstände mittels elektrischer Wellen einem Betrachter zu melden."* Mit anderen Worten: Genial, das Radar ist erfunden! Das wird ganz sicher sofort ein Erfolg werden, weil auf so eine Erfindung längst sehnsüchtig gewartet wurde, oder? Die irritierende Antwort lautet: nein. Hülsmeyer präsentierte seine Erfindung zwar immer wieder vor dem Fachpublikum und auch vor interessierten Laien, aber letztlich winkten sowohl die zivile als auch militärische Schifffahrtsindustrie ab – die Kaiserliche Marine Deutschlands mit der bemerkenswert kurzsichtigen Begründung, dass Dampfschiffe aufgrund ihrer Lautstärke auch ohne Radar früh genug bemerkt werden. Als schließlich auch die Firma Telefunken ablehnte, die sich auf Funk- und Nachrichten-

technik spezialisiert hatte, gab Hülsmeyer seine Bemühungen auf. Es sollten noch dreißig Jahre vergehen,
bevor seine Erfindung ihren bis heute anhaltenden Siegeszug antreten konnte, die aus Schiff-, Luft- und sogar Raumfahrt nicht mehr wegzudenken ist. Vom Land ganz zu
schweigen.

Dass die Menschen über Jahrtausende hinweg mehr über
die Weltmeere irrten als fuhren, hinderte sie nicht daran,
auch die Gewässer zum Kriegsgebiet zu machen. Wobei solche Seeschlachten fast immer in Küstennähe stattfanden
und darum nicht so sehr von den vielen Problemen be-
troffen waren, die sich weit draußen auf den Ozeanen ergaben. Mit was wurde aber eigentlich gekämpft, wenn Flot-
ten aufeinandertrafen? Schon aus der Antike sind Berichte
überliefert, die von Pfeilgeschossen, Brandladungen und
Wurfmaschinen wie Steinschleudern sprechen, womit
Waffengattungen eingesetzt wurden, die sich über sehr
lange Zeit nicht wesentlich änderten. Erst Mitte des
14. Jahrhunderts kamen Geschütze hinzu und in der zweiten Hälfte des 16. Jahrhunderts größere Schiffsartillerie, die
aber erst über eine Schussentfernung von etwa 600 Metern
verfügte. Mitte des 19. Jahrhunderts folgten Schlachtschiffe,
die Distanzen von 18 Kilometern überwinden konnten, die
sich bis zum Zweiten Weltkrieg auf bis zu 35 Kilometer stei-
gerten und heute Reichweite von über 300 Kilometern abdecken. Es fällt nicht schwer festzustellen, dass es diesem
Museum besonders der britische Admiral Lord Nelson angetan hat. Er wird auch gleich als jemand vorgestellt, der
„zu den schillernden Gestalten der Geschichte" zählt. Auf vielen Gemälden sind seine Siege zu bestaunen, bevor es in der
Miniaturausstellung ins Detail geht. Unter der Erklärtafel
„Admiral Nelsons größte Siege" können drei Schlachtfelder
studiert werden, wie in Schachzeitschriften legendäre Duelle. Der erste beendete Dänemarks *„bewaffnete Neutrali-
tät"*, wie es in der Erläuterung heißt. Beim zweiten wurden

die Franzosen vor der ägyptischen Küstenstadt Akubir ge-
schlagen und im dritten gleich nochmal vor Kap Trafalgar,
wo ihnen auch die Allianz mit den Spaniern nichts nutzte.
Dennoch mischten sich damals Trauer und Entsetzen in die
Siegesfeiern der Engländer, denn sie hatten ihren furiosen
Sieg vor Trafalgar teuer bezahlt: Lord Nelson fiel in dieser
Schlacht. Wie das passieren konnte, deutet ein Blick in den
Ausstellungsbereich Marienuniformen an. Dort heißt es in
Bezug auf die offenbar recht extravaganten Kleidungsstil
des Admirals, dass er *„für seinen Todesschützen ein von wei-
tem gut erkennbares Ziel abgab, da er seine mit Orden und
Zierde dekorierte Uniform trug."* Einfach auf den Kerl schie-
ßen, der so auffällig im Sonnenlicht glitzert und glänzt, lautete da wohl der Befehl auf französischer Seite. Erstaunlicherweise gab es aber jemanden, der Admiral Nelson in
Sachen Selbstdarstellung noch in den Schatten stellte. Dieser schillernde Seemann war der russische Admiral Orlow,
der um 1770 die teuerste Marineuniform aller Zeiten trug,
auf der Brillanten im Wert von einer Million Rubel funkel-
ten. Er hatte auch sonst ein ereignisreiches Leben, putschte
erfolgreich gegen einen Zaren (und ermordete ihn vermutlich in Gefangenschaft), entführte eine Anwärterin auf den
russischen Thron, nachdem er sie verführt hatte und wurde
durch einen Sieg über die Osmanen zum Nationalhelden,
verbrachte später dennoch einige Jahre im Exil und züchtete
die bis heute weltberühmten Orloff-Hühner und Or-
low-Traber, bevor er schließlich schwerreich und als Herr
über 30.000 Leibeigene friedlich im eigenen Bett starb, was
bei seinem Lebenslauf nicht unbedingt zu erwarten gewesen
war. Aber das nur am Rande. Es wäre ein eigenes Buch oder
eine ganze Fernsehserie wert, sein Leben genauer vorzustellen.

Was bei einer Geschichte der Seefahrt natürlich nicht
fehlen darf, sind Piraten. Auch wenn sie in diesem Museum
eine erstaunlich kleine Rolle spielen. Zumal im Vergleich zu

ihrer kulturellen Bedeutung, da sie von Pippi Langstrumpfs Vater bis zu Jack Sparrow erstaunlich populäre Figuren sind. Wie es sein kann, dass Seeräuber so beliebt sind und warum sie die Menschen faszinieren, wird in der Ausstellung nicht thematisiert. Dafür aber einige historische Beispiele für echte Piraten gebracht. Da wäre der Karibik-Seeräuber Edward „Blackbeard" Teach, der sich offenbar zu inszenieren wusste und bei Kaperungen dadurch auffiel, dass er sich brennende Lunten in seinen Bart gebunden hatte. Im Jahr 1718 tötete ihn ein Piratenjäger im Kampf, bevor seine Leiche enthauptet wurde. Wie es sich für einen sagenumwobenen Piraten gehört, soll er danach trotzdem noch siebenmal um sein Schiff geschwommen sein, bevor er versank. Wie bei den meisten Piraten, war auch bei ihm das einzige sichere Lebensdatum ausgerechnet der Todes- bzw. Hinrichtungstag. Dass Piratenjäger meist weniger von moralischen als finanziellen Gründen angetrieben wurden, zeigt das Beispiel von Captain Kidd, der als Piratenjäger begann und dann die Seiten wechselte, weil das lukrativer zu sein schien. Sein Leben endete schließlich in London, wo er 1701 gehängt wurde und eine Woche zur Abschreckung am Galgen verblieb. Ein Zwischenschritt vom Piratenjäger zum Piraten stellte der Freibeuter dar. Er war so etwas wie ein Pirat mit dem Segen einer Regierung, der mit Kaperbriefen ausgestattet die Schiffe feindlicher Mächte angreifen durfte. Die Probleme begannen aber spätestens, wenn der Krieg vorbei war, denn der Wechsel von der legalen Piraterie als Kaperfahrer zur unerwünschten Piraterie als Seeräuber, dauerte im Zweifel nicht lange. Letztlich ging die Kaperfahrtpolitik der Seemächte darum oft so aus, wie die Ereignisse in Goethes Zauberlehrling: *„Herr, die Not ist groß! Die ich rief, die Geister, werd ich nun nicht los."*
Während die westliche Welt eine leicht romantische Sicht auf Seeräuber hat, die sich als Underdog mit mächtigen Nationen anlegen und auch als Projektion für das

Leben als Abenteurer in exotischen Inselwelten dienen (es gab aber auch Piraten in der kalten und regnerischen Nordsee), scheinen sie in asiatischen Gefilden zum Teil schlagkräftige Privatarmeen angeführt haben, vor denen sich die staatlichen Marinen in Acht geben mussten. So befehligte der Inder Kanhoji Angria um das Jahr 1700 herum eine Flotte von über hundert Schiffen, die in eigenen Häfen gewartet wurden. Das hatte nichts mehr mit einem kleinen Seeräuber zu tun, das war der Herrscher über eine gewaltige Armee. Darum wundert es auch nicht, dass *„sogar die mächtigen Briten Schutzgeld zahlen"* mussten. Noch erstaunlicher ist die Geschichte der Chinesin Ching Yi-Sao (1785–1844), die auf dem Höhepunkt ihrer Macht über 1000 Schiffe und 150.000 Männer und Frauen befehligte. Auch in diesem Fall versteht sich fast von selbst: *„Ohne einen Schutzbrief der Piraten konnte bald kein Schiff mehr sicher an den Küsten Chinas verkehren."* Dass Ching Yi-Sao die vielleicht mächtigste Person in der Geschichte der Piraterie war, passt auf gewisse Weise zur Rolle Chinas in der Seefahrt. Nicht, weil es eine besondere Seeräubertradition begründet hätte, sondern weil es sich schon früh auf die Ozeane hinausgewagt hat. Wobei diese frühen nautischen Abenteuer auch von der Angst vor dem Tod beziehungsweise dem Wunsch auf das ewige Leben angetrieben wurden. So schickte Kaiser Qin Shi Huang im dritten Jahrhundert vor Christus eine Flotte mit einigen Tausend jungen Chinesen zur legendären Insel der Unsterblichkeit, damit sie von dort das begehrte Elixier mitbringen. Dass es die Flotte gab, ist belegt und dass sie keinen Erfolg hatte auch, da Qin 210 vor Christus starb. Niemand weiß aber, was genau aus den Schiffen und ihrer Besatzung wurde, da sie nie zurückkehrten. Wenn die Flotte nicht in Stürmen unterging, könnte sie darum auch ganz einfach auf die Heimkehr verzichtet haben, da den Matrosen die Hinrichtung drohte, wenn sie ohne das Elixier vor ihren Herrscher treten müssten. Nicht nur Kaiser hängen schließlich an ihrem Leben und möchten es nicht ohne Not verkürzen.

Europa ist heute als Seefahrerkontinent bekannt, der seine früheren Weltreiche der Beherrschung der Ozeane verdankte. Dabei ging hier die Seefahrt erst im 15. Jahrhundert so richtig los und auch das nur, weil das Osmanische Reich die europäischen Mächte praktisch auf das Meer zwang, indem es nach der Eroberung Konstantinopels 1543 die alten Handelswege aus Indien und dem arabischen Raum blockierte und mit hohen Zöllen belegte. Spanien und Portugal ließen darum Seewege nach Indien suchen, um die Osmanen zu umgehen, womit sie das Zeitalter der Weltreiche einläuteten. Dass Geopolitik damals oft von Größenwahn nicht zu unterscheiden war, sieht man an Papst Alexander VI., der die Welt Ende des 15. Jahrhunderts kurzerhand zwischen Portugal und Spanien aufteilte. Offenbar hatte er keinerlei Bedenken, ob er dazu überhaupt befugt ist, wofür auch spricht, dass er die Welt mit großer Selbstverständlichkeit noch ein zweites und sogar drittes Mal zwischen Spanien und Portugal teilte, als diese Nachverhandlungen einforderten. Historisch bleibt darum der 7. Juli 1494 als der Tag in Erinnerung, an dem die Welt in einen spanischen und portugiesischen Bereich aufgeteilt wurde. Es sollte nicht allzu sehr überraschen, dass sich keine andere Nation an diesen Vertrag gebunden fühlte und so gingen bald auch die Niederlande, England und Frankreich auf weltweite Eroberungsreise.

Und hat es sich für die Menschheit gelohnt, unter großen Gefahren und dem Verlust unzähliger Menschenleben die Ozeane zu erobern? Ganz eindeutig, ja. Der heutige Wohlstand und Überfluss, wären ohne die Nutzung der Meere nicht denkbar. Dass über acht Milliarden Menschen auf dieser Welt leben können, ebenfalls nicht. Im Jahr 1870 bestellte die führende Seefahrtnation Großbritannien erstmals mehr Dampf- als Segelschiffe, bevor Anfang des

20. Jahrhunderts der Dieselmotor schon die nächste technische Revolution auslöste, die bis heute die meisten Schiffe antreibt. Doch die eigentliche Zeitenwende folgte erst 1956 mit der Einführung des genormten Containers, durch den Waren in einer bislang unvorstellbaren Menge transportiert werden konnten. Um zu verdeutlichen, wie viel Stauraum es auf heutigen Containerschiffen gibt, bietet das Museum einen Vergleich an. Um die Warenmenge eines solchen Schiffs zu befördern, wären im 15. Jahrhundert sämtliche Koggen der Hanse ein ganzes Jahr beschäftigt gewesen, während heute 14.400 Containerwaggons, 7500 LKW oder 1000 Airbus A380 nötig wären. Der genormte Container hat alles revolutioniert und liegt mittlerweile zu zehntausenden auf dem Meeresgrund, da jedes Jahr eine beträchtliche Zahl über Bord geht.

Erstaunlich ist, dass schon in der Antike Seeschlachten stattfanden, als Schiffe noch weitgehend den Launen der Gezeiten ausgeliefert waren. Was mag dann erst an Land losgewesen sein, wo sich die Menschen sicher bewegen konnten? Um mehr über die Geschichte des Krieges zu erfahren, geht es als nächstes nach Dresden.

10

Krieg – Als Diplomaten noch Rüstung trugen

Ort: Militärhistorisches Museum der Bundeswehr in Dresden

Von außen sieht das Bundeswehrmuseum aus, als sei eine Pyramide vom Himmel in ein Gerichtsgebäude gestürzt, aus dem sie nun schief herausragt. In Wahrheit ist sie aber Teil des Neubaus, den Daniel Libeskind 2011 realisierte, und soll mit ihren Ecken und Kanten für all die Katastrophen stehen, an denen es in der deutschen Geschichte noch nie mangelte. Schon die Lage des Museums ist Teil der deutschen Militärgeschichte und fest mit dem Thema verknüpft, um das es hier in vier Stockwerken geht: Krieg. Nach dem Deutsch-Französischen Krieg von 1870–1871 rüstete Deutschland auf und so entstanden überall neue Kasernen. Auch Dresden erhielt eine und erbaute dafür die Albertstadt, in Anlehnung an König Albert von Sachsen. 20.000 Soldaten und zivile Mitarbeiter lebten hier in einer Miniaturstadt in der Stadt und verfügten über Werkstätten, Lazarette, Verwaltungsgebäude, eine Militärjustiz, eine

© Der/die Autor(en), exklusiv lizenziert an Springer Fachmedien Wiesbaden GmbH, ein Teil von Springer Nature 2023
G. Böss, *Vom Urknall bis zum E-Auto*,
https://doi.org/10.1007/978-3-658-42337-7_10

Kirche und sogar ein Kraft- sowie Wasserwerk. Im Mittelpunkt dieses Komplexes befand sich ein Arsenal, wo 300
Geschütze und 200.000 Feuer- und Nahkampfwaffen
lagerten. Und genau dieses Arsenal sollte schon bald nach
seiner Eröffnung veraltet sein. Waffen wurden nicht mehr
zentral gelagert, sondern direkt bei den einzelnen Gruppen-
teilen. Damit stand das größte Haus der Albertstadt plötzlich weitgehend leer und schließlich wurde beschlossen,
dort ein erstes Waffenmuseum zu eröffnen.

Es ist übrigens erstaunlich unklar, wie viele Kriege es im
Verlauf der Menschheitsgeschichte gegeben hat. Die Schätzungen gehen dabei von 150 bis über 14.000 in den letzten
5000 Jahren, was schon anzeigt, dass hier ein Feld voller
Unsicherheit betreten wird. Wobei die Wahrheit deutlich
näher an der niedrigeren Schätzung liegen dürfte. Außerdem muss beachtet werden, dass die Zahl der Kriege für
sich genommen noch keinen qualitativen Wert hat. Das
19. Jahrhundert gilt mit 580 Kriegen als das kriegerischste
Jahrhundert der Neuzeit, bevor die Zahl der Konflikte im
20. Jahrhundert um mehr als die Hälfte auf nur noch 250
zurückging. Die Deutung, dass damit die Schrecken des
19. Jahrhunderts hinter der Menschheit lagen, die nun in
friedlichere Zeiten aufbrach, wird mit Blick auf u. a. zwei
Weltkriege wohl kaum jemand wagen. Krieg ist also ein
deutlich schwammigerer Begriff, als man im ersten Moment denken würde und darum sind auch Zahlen und Sta-
tistiken dazu mit Vorsicht zu betrachten.

Wer das Bundeswehrmuseum besucht, wird als erstes mit
dem schweren Los der Ritter konfrontiert. Es ist das
14. Jahrhundert und die Zeit dieser heldenhaften Krieger
ist eigentlich längst abgelaufen, was außer ihnen selbst auch
niemand bestreitet. Lange Zeit als ideale christliche Krieger
verklärt, wurden sie von den gesellschaftlichen und militärischen Entwicklungen irgendwann überrollt. In der guten,
alten Zeit sah die Welt für einen Ritter oft so aus, dass er

von einem Lehnsherrn ein Stück Land erhielt und die dortigen Bauern für sich arbeiten ließ. Dem Lehnsherrn, einem Fürsten, war er dafür zur Treue verpflichtet und musste ihn unter anderem in Kriegen unterstützen. Dass es mit dem Ideal der „christlichen Kämpfer", die höchsten moralischen Ansprüchen genügten, oft nicht weit her war, zeigt die Einschätzung des Gelehrten Petrus von Blois. Dieser schimpfte Ende des 12. Jahrhunderts: *„Sobald sie mit dem Rittergürtel geschmückt sind, plündern und berauben sie die Diener Christi und unterdrücken erbarmungslos die Armen."* Wir wissen nicht genug über diesen Mann, um auszuschließen, dass persönliche negative Erfahrungen mit Rittern sein Bild so eingetrübt haben. Darum ist es sinnvoll, noch eine andere Stimme zu hören. Etwa die von Bertran de Born, der selbst leidenschaftlicher Ritter und ein Kampfgefährte von Richard Löwenherz war. Er schwärmte: *„Und wenn erst der Einzelkampf eingetreten ist! Jeder Mann von Stand denkt nur noch daran, Schädel zu zerschmettern und Arme abzuhacken; denn besser tot als besiegt. Offen gesagt: Was sind schon die Freuden der Tafel und die Wonnen des Bettes im Vergleich zum Lärm des Schlachtfeldes?"* Offenbar sind sich der Ritterkritiker und der Ritter ziemlich einig in der Einschätzung dessen, was diese „christlichen Krieger" taten, nur führt sie das zu völlig verschiedenen moralischen Bewertungen.

Wie auch immer ihre ethischen Standards nun bewertet werden, feststeht, dass die Ritter über den Zeitraum mehrere Jahrhunderte zunehmend ins Hintertreffen gerieten und durch ein verzweifeltes Wettrüsten versuchten, dagegenzuhalten. Wo Ritter um 1250 n. Chr. noch geradezu leicht bekleidet wirkten und nur Helm, Schild, Beinschienen und Panzerhemd trugen, kamen sie 150 Jahre später schon nicht mehr ohne Vollharnisch aus, bevor ihre Rüstung schließlich so schwer wurde, dass sie mit Kränen auf ihre Pferde gesetzt werden musste. Weil sie darum nach einem Abwurf nicht mehr aus eigener Kraft aufstehen konnten, waren ihre Tage offensichtlich gezählt. Sie mussten sich der neuen sozialen Schicht der Bürger geschlagen geben, die seit dem 11. Jahrhundert zunehmend selbstbewusster auftraten und keinen Bedarf an Rittern hatten. Während das Bürgertum die Ritter in der gesellschaftlichen Hierarchie besiegten, taten es Söldner und Landsknechte ab dem 14. Jahrhundert auch auf dem Schlachtfeld. Allerdings bedeutete deren Aufstieg nichts Gutes für die Zivilbevölkerung. Während die Ritter durch ihren Eid auf den Lehnsherren gebunden waren, zogen Söldner frei von Loyalitäten durch die Lande. Es kam regelmäßig zu Plünderungen und so mancher Soldat wechselte während ein und desselben Konflikts mehrmals die Seiten. Je nachdem, wer ihn wie gut bezahlte oder den Lohn schuldig blieb. Um die Gefahr durch die Söldner zu reduzieren, wurden im Heiligen Römischen Reich die Landsknechte gegründet und auf den Kaiser vereidigt. Aber die Idee überstand den Kontakt mit der rauen Wirklichkeit nicht und so heißt es: *„Obwohl sie durch Eid und straffere Organisation bereits stärker kontrollierbar waren als die Söldner, gab es marodierende Landsknechte, die eine Gefahr für die Bevölkerung darstellten."*

Der Lebensweg des Götz von Berlichingen soll exemplarisch zeigen, wie wechselhaft eine militärische Karriere im 15. und 16. Jahrhundert sein konnte. Er ist übrigens weltberühmt geworden, allerdings nicht durch eigene Heldentaten, sondern durch einen Poeten, der dreihundert Jahre später lebte und als Johann Wolfgang von Goethe selbst eine gewisse Bekanntheit errungen hat. Jener Götz von Berlichingen jedenfalls wurde 1480 geboren (als zehntes Kind) und verlor mit vierundzwanzig Jahren im Kampf die rechte Hand, was seinem Körper schadete, aber seinem Ruf guttat. Fortan war er für alle nur noch der „Ritter mit der eisernen Hand", da er jetzt eine Prothese trug. Es folgten Fehden mit verschiedenen Städten, vor allem mit Nürnberg und Köln, und schon bald eine Reichsacht durch den Kaiser, also die öffentliche Bekanntmachung, dass er ein Ausgestoßener ist. Von Berlichingen schien das wenig zu kümmern und erwarb daraufhin die Burg Hornberg. Später wurde er zu drei Jahren Haft in Heilbronn verurteilt, wo er zum Protestantismus konvertierte und nach seiner Entlassung zum Anführer der Odenwälder Bauern im Bauernkrieg wurde. Nach dem Scheitern des Aufstandes gelang es ihm vorerst, sich als Opfer darzustellen, das gegen seinen Willen in die Rolle des Anführers gedrängt wurde. Schließlich bekam er dafür aber doch noch zwei Jahre Haft mit anschließender Verbannung auf seine Burg. Dort verbrachte er die nächsten elf Jahre, bevor die Verbannung aufgehoben wurde und er sich nicht mehr mit regionalen Bauernaufständen abgab, sondern an den großen Kriegen seiner Zeit teilnahm. 1542 an den Kämpfen gegen die Osmanen und 1544 an denen gegen Frankreich. Aufgrund seines wilden und kriegerischen Lebens ein wenig überraschend, starb er schließlich 1562 eines natürlichen Todes.

Erstaunlich ist es, wie sehr Krisen, Kriege und Konflikte die Weltlage prägten. Allein mit den Osmanen kam es ab dem Jahr 1389 zu zahlreichen Auseinandersetzungen. 1529 belagerten sie erfolglos die Stadt Wien und versuchten es 1683 mit dem gleichen Ergebnis noch einmal, woraufhin im Großen Türkenkrieg von 1683 bis 1699 das Heilige Römische Reich und Polen die Osmanen dauerhaft zurückdrängten. Zur Zeit des Großen Türkenkriegs nutzte Frankreich aus, dass das Heiligen Römischen Reich noch immer unter den Folgen des Dreißigjährigen Kriegs litt, um ihm Gebiete abzunehmen. Da dieser Krieg noch im Kap. 14 behandelt wird, soll er hier nur kurz Thema sein. In diesem Krieg schlossen sich besiegte nicht selten denen an, die sie besiegt und ausgeplündert hatten, um selbst plündernd zu überleben. Dass auf diese Weise die perfekte Katastrophe entstand, ist offensichtlich. Kein perpetuum mobile, sondern ein perpetuum bellum. Etwa vierzig Jahre nach dem

Großen Türkenkrieg besetzte Preußen 1740 Schlesien, das zum Hause Habsburg gehörte. Aus dieser Besetzung folgten nicht weniger als drei Schlesische Kriege, bevor dieses Gebiet endlich offiziell zu Preußen gehörte. Der Dritte Schlesischen Krieg eskalierte dabei zu einem wahren Weltkrieg, bei dem Preußen und Großbritannien den Franzosen und Österreichern gegenüberstanden. Kampfgebiete waren dabei auch Nordamerika, Indien und die Weltmeere. Als hätte es einen Mangel an Kriegen gegeben, wurden manche auch noch mit mehreren Namen benannt. So handelte es sich beim Dritten Schlesischen Krieg zugleich um den Siebenjährigen Krieg. Allerdings verblassten diese Konflikte vor dem, was sich ab 1779 in Frankreich abzeichnete. Nach der Revolution folgten über zwanzig Jahre, in denen Frankreichs Armeen in ganz Europa und auch in Afrika operierten. Frankreich eroberte Gebiete, gründete außerdem alliierte Schwesternrepubliken in den Niederlanden, Schweiz, Italien und etablierte sogar eine kurzlebige Rheinische Republik in Mainz, die sich von März bis Juli 1793 hielt. Die Fürsten Europas kämpften gegen Frankreich, wobei es im Grunde nur Österreich, Preußen und Russland waren. Die deutschen Reichsfürsten spielten eine Nebenrolle und auch England tat wenig, außer eine Seeblockade gegen Frankreichs Häfen zu verhängen. Preußen hingegen wagte sogar eine Invasion Frankreichs, zog sich 1792 aber wieder zurück und warnten dabei noch, dass dem gefangenen König Ludwig XVI. keine Gewalt angetan werden darf. Die Franzosen beeindruckte das so wenig, dass sie nicht nur ihn 1793 hinrichteten, sondern seine Frau Marie-Antoinette gleich mit. Umso länger sich Frankreich behaupten konnte, umso mehr europäische Unterstützer schlossen sich ihm an. Die „große Armee" bestand bald auch aus Polen, Deutschen, Niederländern, Schweizern, Kroaten, Portugiesen, Spaniern und Italienern. Gleichzeitig gingen viele Intellektuelle und Künstler auf Distanz, die zu Beginn noch Unterstützer der Revolution gewesen waren, bevor sie von ihrem brutalen Verlauf abgeschreckt wurden. So ambivalent wie die Revolution und ihr Fortgang auf die Zeitgenossen wirkte, wirkte auch Napoleon. Den einen galt er als Befreier und den anderen als Gewaltherrscher und am Ende war er wohl beides zusammen, wenn nicht immer zur gleichen Zeit. Nachdem seine Truppen über Jahre hinweg unbesiegt blieben, folgte Napoleons katastrophaler Russlandfeldzug, in dessen Verlauf seine Armee von über 500.000 Mann beinahe vollständig aufgerieben wurde. Weniger von russischen Truppen als vom russischen Winter. Danach wendete sich das blutige Blatt und 1813 siegten bei Leipzig die vereinten Armeen von Österreich, Preußen, Russland und Schweden gegen Frankreich. Napoleon musste abdanken und wurde auf die Insel Elba verbannt. Wer aber dachte, dass damit die napoleonischen Kriege ebenso wie die Person Napoleon der Vergangenheit angehörten – und das dachten eigentlich alle – sollte eine böse Überraschung erleben, als er von Elba wieder aufs Festland übersetzte, eine neue Armee aushob und eine weitere Kriegsrunde einläutete. Erst in der Schlacht von Waterloo im Jahr 1815 wurde er endgültig besiegt und danach nicht mehr auf eine Mittelmeerinsel verschifft, sondern in den Atlantik hinaus auf das windumtoßte Eiland Sankt Helena, wo er sechs Jahre später starb.

Die nächste Erschütterung des europäischen Kräftegleichgewichts folgte mit den Revolutionen von 1848 und 1849. Wobei hier ein Eindruck folgen soll, wie sehr weiterhin Krieg die Normalität und Frieden die Ausnahme war. Folgende Kriege gab es allein in den dreiunddreißig Jahren zwischen Waterloo von 1815 und den Revolutionen von 1848: Russisch-Persischer-Krieg, Russisch-Türkischer-Krieg, Russisch-Schwedischer-Krieg, Spanischer Unabhängigkeitskrieg, Südamerikanische Unabhängigkeitskriege, British-Amerikanischer-Krieg, Gurkha-Krieg, Dritter

Marathenkrieg, Gescheitere Revolution in Italien, Öster-
reichisch-Neapolitanischer-Krieg, Zweiter Barbaresken-
krieg, Griechischer Unabhängigkeitskrieg, Brasilianischer
Unabhängigkeitskrieg, Frankreichs Invasion in Spanien,
Erster Britisch-Burmesischer-Krieg, noch ein Russisch-
Persischer-Krieg und noch ein Russisch-Türkischer-Krieg,
gescheiterte Aufstand der Polen gegen den Zaren, Belgischer
Unabhängigkeitskrieg, Miguelistenkrieg, Erster Karlistenkrieg, Erster Anglo-Afghanischer-Krieg, Erster Opiumkrieg,
Erster Sikh-Krieg, Sonderbundskrieg und der Zweite
Karlistenkrieg. Das sind sechsundzwanzig Kriege in dreiund-
dreißig Jahren. Anders ausgedrückt: es war immer Krieg,
nur nicht überall gleichzeitig.

Während das 19. Jahrhundert praktisch keinen Tag
kannte, wo nicht irgendwo eine europäische Macht auf
dem Kontinent oder in den eigenen Kolonien kämpfte, gab
es in der Betreuung von Verletzten und Sterbenden Fortschritte. 1863 wurde vom Schweizer Geschäftsmann
Henry Dunant das Rote Kreuz gegründet, nachdem er
1859 im Oberitalienischen Krieg die furchtbare Lage der
Verwundeten gesehen hatte (er selbst wurde von Florence
Nightingale inspiriert, die wenige Jahre zuvor auf der Krim
mithalf, die schlimme Lage der Verletzten zu verbessern –
sie hielt jedoch das Rote Kreuz für ebenso wichtig wie pro-
blematisch, da der Staat dadurch Kapazitäten frei hat, um
neue Kriege zu entfachen). 1864 wurde außerdem die Genfer Konvention verabschiedet, die festlegte, dass Verwundete unabhängig von ihrer Nationalität versorgt werden müssen. Sanitäter und zivile Helfer waren neutral, was
durch das rote Kreuz auf ihrer Kleidung kenntlich gemacht wurde.

Womit die Ausstellung im Erdgeschoss an ihr Ende
kommt und über das weitläufige Treppenhaus in das erste
Obergeschoss führt. Auf dem Steinboden stehen jetzt die

Zahlen *1914–1945*. Ein Zeitraum, der fast exakt dem des Dreißigjährigen Kriegs entspricht und diesen doch in jeder Hinsicht in den Schatten stellt. Der Erste Weltkrieg kostete 10 Millionen Menschenleben. Staaten aus fünf Kontinenten kämpften miteinander, wobei die Ostfront im Moment ihrer größten Ausdehnung von der Ostsee bis an den Persischen Golf reichte und die Westfront Europa zwischen Belgiens Nordseeküste und der Schweizer Grenze durchzog. Panzer, Artillerie, Giftgas, Handgranaten und Flammenwerfer kamen entweder zum ersten Mal oder in stark verbesserten Versionen zum Einsatz. Ein Symbol für unfassbare Verluste, die am Kriegsgeschehen nichts änderten, war die Schlacht um Verdun. 300.000 Soldaten starben auf beiden Seiten, während deutsche Truppen zehn Monate lang ohne Erfolg versuchten, diese Festung zu erobern. Niemand hätte sich nach Deutschlands Kapitulation vorstellen können, dass nur etwas mehr als zwanzig Jahre später wieder ein Krieg ausbricht, den Deutschland beginnt und der 60 Millionen Menschenleben kosten wird. Allein die Sowjetunion verlor im Zuge des deutschen Vernichtungskriegs 10 Millionen Soldaten und 14 Millionen Zivilisten. Neben dem in seinen Ausmaßen nicht fassbaren Ausrottungsversuch am jüdischen Volk, dem sechs Millionen Menschen zum Opfer fielen, bezeugt im Museum eine Bekanntmachung der deutschen Besatzer in Serbien, dass Menschenleben in der arischen Rassenlehre keinen Wert besaßen. Als Reaktion auf einen erfolgreichen Angriff von Partisanen, heißt es, *„die deutsche Geduld ist zu Ende"*, weswegen schon 100 Serben erschossen worden seien. Abschließend wird gewarnt: *„In Zukunft werden für jeden deutschen Soldaten, der durch Überfall von serbischer Seite zu Schaden kommt, rücksichtslos jedesmal weitere 100 Serben erschossen."* Solche Bekanntmachungen hingen im gesamten Riesenreich aus, das die Nationalsozialisten erobert hatten.

Ein ungewöhnlicher Aspekt der Ausstellung ist der Bereich „Tiere beim Militär". Auf einem langen Steg stehen verschiedenste Exemplare, als würden sie auf Einlass in eine militärische Arche Noah warten. Ein Elefant führt die beeindruckende Gruppe an, zu der unter anderem ein Pferd, ein Dromedar, ein Maultier, ein Löwe, ein Hund, ein Wildschwein, ein Zwergesel, ein Affe, ein Schaf, eine Katze, eine Taube und ein Delfin gehören. Fast alles sind echte Tiere, die zu Lebzeiten im militärischen Dienst standen und in beeindruckender Qualität von Präparatoren des Bundeswehrmuseums auf ihr zweites Leben als Ausstellungsstücke vorbereitet wurden. Ein Sympathieträger ist in jedem Fall das tapfere Schaf, das beim Mienenräumen auf den Falklandinseln einen Hinterlauf verloren hatte. Es überlebte und verbrachte danach noch einige Jahre auf dieser Welt und vermutlich auf den Falklandinseln. Jetzt steht es hier in der langen Reihe der Tiere ganz in der Nähe eines Sprengstoffspürhundes, der mit vier gesunden Beinen in die Ewigkeit übertrat. Am Umgang mit dem Tier im Krieg zeigt sich die verstörende und faszinierende Vielseitigkeit des Menschen. Tiere wurden in Konflikten oft gequält, verstümmelt und missbraucht und doch haben Menschen ihnen auch Orden verliehen und Denkmäler gebaut und sie mit militärischen Ehren beigesetzt. Ihnen wurden Lieder und Gedichte gewidmet und nicht selten bestürzte der Tod eines Tieres im Krieg die Menschen mehr als die Grausamkeiten, die sie ihresgleichen antaten. Auch im Bundeswehrmuseum gehört das dreibeinige Schaf zu den Schicksalen, das den Besuchern besonders nahe geht, berichtet eine Aufseherin, während nur einen Raum daneben der Zweite Weltkrieg Thema ist. Die Militärtechnik im 21. Jahrhundert macht den Einsatz von Tieren in vielen Bereichen überflüssig, aber noch im Erste Weltkrieg waren vierzehn Millionen von ihnen in die Kampfhandlungen involviert und im Zweiten Weltkrieg sogar dreißig Millionen – darunter mindestens elf Millionen Pferde, 200.000 Brieftauben und 100.000 Hunde.

Das Militärhistorische Museum der Bundeswehr zeigt auf vier Stockwerken recht eindrucksvoll, wie sehr Krieg in fast jedem Zeitalter nicht der fürchterliche Einbruch in ein friedliches Leben war, sondern selbst die Norm darstellte. Die Ausnahme war es, wenn es keine gewaltsamen Auseinandersetzungen gab und nicht mehr als eine absurde Utopie, dass dieser Zustand langfristig anhalten könnte. Im Mitteleuropa ist dieser Zustand seit Mitte des 20. Jahrhunderts weitestgehend erreicht worden, aber es gibt keine Garantie, dass sich das nicht wieder ändern könnte – wie die Kriege auf dem Balkan in den 1990er-Jahren oder Russlands Überfall auf die Ukraine seit dem Jahr 2014 beweisen. Wie lebte es sich aber in einer Zeit, die noch keine Menschenrechtscharta oder Genfer Konvention kannte? Darauf suche ich im antiken Rom nach Antworten und reise darum ins Landesmuseum Trier und damit in die älteste, von Rom gegründete Stadt, auf deutschem Boden.

11

Antike – Traue keinen nackten Philosophen

Ort: Rheinisches Landesmuseum in Trier

Besucher des Rheinischen Landesmuseums Trier werden von einem überdimensionalen, nackten Fuß begrüßt. Er steht gegenüber der Eingangstreppe und soll dem von Kaiser Konstantin dem Großen nachempfunden sein. Die Ausstellung wird ihn später als den Herrscher vorstellen, der Trier maßgeblich zu seiner antiken Größe ausgebaut hatte. Gründer und erster Direktor des Museums war ab dem Jahr 1877 der damals erst 26-jährige Felix Hettner, an den bis heute ein würdiges Denkmal erinnert. Die „Gesellschaft für Nützliche Forschung", die einen ebenso selbstbewussten wie arroganten Namen trug, stiftete ihm eine Marmorbüste, deren Sockel eine originale Säule aus der Römerzeit ist. Was kann sich ein Mann mehr wünschen, der sein Leben dem alten Rom widmete, als eine Büste seiner selbst, die auf einem Meisterwerk imperialer Steinmetzkunst ruht?

Um in die Römerzeit zu gelangen, muss ich erst mit großen Schritten durch die Anfänge der Menschheitsgeschichte und die Keltenzeit eilen, die im Untergeschoss aufeinander

© Der/die Autor(en), exklusiv lizenziert an Springer Fachmedien Wiesbaden GmbH, ein Teil von Springer Nature 2023
G. Böss, *Vom Urknall bis zum E-Auto*,
https://doi.org/10.1007/978-3-658-42337-7_11

folgen, bevor mein Weg auf einem römischen Friedhof endet. Zumindest könnte es ein Friedhof sein, denn überall in dieser Halle verteilt stehen bombastische Grabmäler. Wenn schon die Ägypter vom Tod fasziniert waren und kunstvolle Mumien erschufen, stellt Rom sie in dieser Hinsicht in den Schatten – von den Pyramiden abgesehen, die wohl für immer die extravagantesten Grabstellen der Geschichte bleiben werden. Römische Gräber sind tonnenschwere Prunkstücke aus Stein und dabei erstaunlich vielfältig. So zeigt die Ausstellung ein Grab, das wie eine Hausfassade aussieht und auch fast eine solche Höhe hat. Ein berührendes Motiv findet sich einige Schritte weiter. Ehemann und Ehefrau reichen sich darauf die Hand, als gratulierten sie sich zum gemeinsamen Dasein auf dieser Welt, das mit diesem Grabstein nun gut sichtbar sein Ende gefunden hat. Auf anderen sind Tiere abgebildet oder Schiffe und immer wieder die Verstorbenen selbst. Jeder Grabstein ist beeindruckend und aufwendig und auch wenn das Museum die größte Sammlung nördlich der Alpen präsentiert, sind diese Funde erstaunlicherweise nicht einmal selten. Wer es sich im Römischen Reich leisten konnte, hinterließ der Welt eine solche massive Erinnerung daran, dass er einst über diese Erde wandelte. So kommt es, dass bis heute gut erhaltene Grabmale entdeckt werden, wobei die Wahrscheinlichkeit, einen solchen Fund zu machen, in den Kanalisationen einstiger Römerstädte am größten ist. So mancher Ehrenmann aus der römischen Oberschicht wäre wohl entsetzt gewesen, wenn er geahnt hätte, was für Reisen seinem Stein noch bevorstehen. Viele wurden später als Baumaterial eingesetzt und finden sich oft in Kirchen, Brücken, Mauern, Türmen, Treppen, Plätzen und Straßen wieder. Oder eben in den Kanalisationen. Wobei nicht erst spätere Kulturen die Friedhöfe als Steinbruch nutzten, auch in der Römerzeit selbst war es üblich, sich dort Baumaterial zu besorgen. So finden sich etwa in den Wänden des Colosseums Grabsteine, die Abbildungen derer zeigen, die sie einst für einen vollkommen anderen Zweck in Auftrag gegeben hatten. Das alles ist jedoch weniger pietätlos, als es im ersten Moment scheinen mag, da diese Grabsteine nie für die ewige Ruhe vorgesehen waren. Die Urnen mit der Asche der Verstorbenen wurde nach einiger Zeit auf recht schlichte Bestattungsfelder überführt und dort ohne jeden Pomp endgültig in die Erde hinabgesenkt. Von daher sind diese Grabkunstwerke mehr Ausdruck des sozialen Status der Familien, die sie erbauen ließen, und weniger intime Mausoleen nach heutigen Maßstäben.

Die hier ausgestellten Objekte sind alle aus der Nähe von Trier oder aus Trier selbst und damit aus der ältesten von Rom gegründeten Stadt auf deutschem Boden. 17 nach Christus war es so weit, was mit der besonders attraktiven Lage zu tun hatte. Hier an der Mosel kreuzten sich die Süd-Nord-Verbindung zwischen Lyon und Köln sowie die West-Ost-Verbindung von Reims nach Mainz. Wer heute die Stadt besucht, die erstaunlich weit ab vom Schuss liegt, kann über diese einstige geografische Bedeutung nur staunen. Rom gründete Trier, das damals Augusta Treverorum hieß, während eines Konflikts mit den hier siedelnden Kelten. Am Ende setzte sich Roms militärische und kulturelle Macht durch und die keltische Gesellschaft wurde romanisiert. Dass diese Entwicklung nicht unbedingt zum Nachteil der unterlegenen Stämme ausfiel, zeigt ein Gemälde, auf dem eine heilige Quelle abgebildet ist, die von den Kelten verehrt wurde. Zu sehen sind majestätische Säulengänge, Treppen in griechischer Tradition und ebensolche Gebäude. Kurzum, der Besucher hat hier das prachtvolle Bauwerk einer Hochkultur vor sich. Nichts davon hätte die bescheidende Baukunst der Kelten hervorgebracht, die vermutlich die heilige Quelle mit wackeligen Steinmauern umschlossen hätten, die nur aufmerksamen Wanderern aufgefallen wären, bevor Moos und Efeu sie unter sich begraben hätten. So ist es nicht verwunderlich, dass die Oberschicht nach der Unterwerfung zunehmend einen römischen Lebensstil annahm, bevor nach und nach die ganze

keltische Gesellschaft davon erfasst wurde. Wer das römi-
sche Bürgerrecht erlangt hatte, kleidete sich stolz in eine
Toga, während seine Vorfahren noch verbissen gegen die
Legionen des Imperiums gekämpft hatten. Auch auf den
Friedhöfen fanden sich zunehmend Grabsteinfiguren, die
in römische Gewänder gekleidet waren.

Überhaupt haben die Römer in Fragen der Lebensqualität
Standards gesetzt. Die Ausstellung präsentiert Wand-
malereien aus dem Trier des 2. Jahrhunderts nach Christus,
die Motive aus der Götterwelt zeigen, aber auch Tänzerin-
nen, Jagdgemeinschaften, Wagenrennen, Gladiatoren-
kämpfte und tatsächliche oder fantastische Tiere. All das
steht für ein Bewusstsein für Schönheit und Ästhetik, das die
eroberten Stämme und Völker nicht kannten. So legten
wohlhabende Römer Wert auf Komfort und erfreuten sich
unter anderem raffinierter Fußbodenheizungen, bei denen
erhitzte Luft unter dem Boden Aufstieg und ihn erwärmte.
Bei ihren Häusern ging es den Römern um weit mehr als nur
Stabilität und Haltbarkeit, sie wollten auch etwas repräsen-
tieren. Ihre Mosaike sind ein wunderbares Beispiel für diese
Denkweise. Nichts an ihnen ist auch nur im Entferntesten
praktisch oder gar notwendig, dafür ist ihre Herstellung eine
Lektion in Geduld und Entschleunigung, wenn für ein
Motiv eine Million oder mehr Teile benötigt werden. Das
umfangreichste Mosaik im Museum kommt auf 1,5 Millionen und das gewaltigste überhaupt, befindet sich in Sizilien
und besteht aus etwa vier Millionen. Mosaike wurden geschaffen, weil sie große Kunst waren und ihre Besitzer sich
damit schmücken wollten – damit sind sie antike Vorfahren
der herrlich-überflüssigen Irrgärten, wie sie auf manchem
herrschaftlichen Anwesen in Großbritannien zu finden sind.

Roms Stärke und Anziehungskraft basierte aber auch zu
wesentlichen Teilen auf seiner hoch entwickelten Infrastruktur. So gab es nicht nur das fortschrittlichste und aus-
gedehnteste Straßennetz der Welt, sondern auch ent-

sprechende Landkarten. Auf Säulen am Straßenrand stand außerdem die Entfernung zur nächstmöglichen Siedlung und in regelmäßigen Abständen folgten Rasthäuser, damit Pferde und Reisende ausruhen konnten. Dieses Straßennetz erleichterte den Handel enorm und sorgte auch für das Aufblühen von Regionen, die andernfalls im Schatten der Machtzentren verkümmert wären. Zugleich ermöglichte es auch die rasche Verlegung der Legionen, um Aufstände niederzuschlagen, Feldzüge zu führen oder Einbrüche auf das Gebiet Roms abzuwehren. Roms Dominanz auf dem Schlachtfeld ging darum auf zwei Faktoren zurück. Zum einen auf die gut ausgebildete Berufsarmee, die den meisten Gegnern überlegen war und sich nicht scheute, aus Niederlagen zu lernen. Das berühmteste Beispiel dafür ist eine Schlacht im Jahr 216 vor Christus gewesen. Damals stand der karthagische Feldherr Hannibal mit seiner Armee in Italien und fügte Rom in der Schlacht von Cannae eine der schlimmsten Niederlagen seiner Geschichte zu. Obwohl Hannibals Truppen zahlenmäßig weit unterlegen waren, siegte er und brachte das Imperium an den Rand des Untergangs. Doch 14 Jahre später gewann Rom die entscheidende Schlacht und damit den Krieg – in dem es genau die Taktik einsetzte, mit der die Karthager in Cannae gesiegt hatten. Der zweite Faktor für die römische Dominanz war das Straßennetz. Auf dem Höhepunkt des Imperiums verfügte es über eine Ausdehnung von 80.000 Kilometern, die sich durch Europa, Nordafrika und den Nahen Osten zogen. Die Armee konnte auf ihnen Entfernungen von etwa 24 Kilometern am Tag zurücklegen, was sie zur mobilsten Streitmacht ihrer Zeit machte. Letztlich waren die Straßen das Rückgrat der römischen Macht und blieben über viele Jahrhunderte unerreicht. Ihre Bedeutung kann kaum überschätzt werden und ist vielleicht damit zu vergleichen, als hätte Rom damals über einen modernen Flugzeugträger verfügt, was für die Gegner einen praktisch nicht aufholbaren Nachteil bedeutete.

Auch wenn die Römer als Militärmacht brutal gegen ihre Feinde vorgingen, zeigten sie doch auf vielen Ebenen eine erstaunliche Toleranz. Nicht nur wurde gegenüber Besiegten oft Gnade gewährt, wenn diese versprachen, die Waffen niederzulegen. Auch im Bereich der Götter und übermenschlichen Mächte herrschte eine ungewöhnliche Offenheit. Die römische Götterwelt glich beinahe einer Kommune, die – fast – jeden willkommen hieß. So waren die meisten römischen Götter in Wahrheit die alten griechischen, denen man schlicht neue Namen verpasst hatte. Göttervater Zeus wurde zu Jupiter, der Meeresgott Poseidon hieß jetzt Neptun, der Kriegsgott Ares musste sich an Mars gewöhnen und so weiter. Rom zog neue Gottheiten an, wie eine florierende Stadt neue Einwohner. Kaum war ein weiteres Volk unterworfen, konnte die Erweiterung des Pantheons beginnen. So lief es auch mit den Göttern der Kelten. Zwar hielten es die keltischen Druiden für einen Frevel, „ihre Lehre aufzuschreiben", weswegen sie auch nichts taten, was aber die Römer nicht davon abhielt, ihrerseits genau das zu tun. Was auch der einzige Grund ist, weswegen die kultischen Vorstellungen der Kelten bis heute teilweise erhalten blieben und nicht mit ihnen untergegangen sind, wie es bei so vielen anderen schriftlosen Völkern geschehen ist.

Göttern hatten für die Römer beinahe die Rolle von Dienstleistern, die auf bestimmte Lebensbereiche spezialisiert waren. Glück in der Liebe, stabile Gesundheit, gute Ernte, glückliche Familie, erfolgreicher Beruf. Für jede Nische gab es einen mystischen Ansprechpartner, oft sogar zwei oder noch mehr, der durch Opfergaben beeinflusst werden konnte. Dabei kamen manchmal auch schmutzige Tricks zur Anwendung. Vor allem, wenn man jemanden loswerden wollte. Für solche Fälle gab es Verfluchungstafeln, auf denen der Name der Person (soweit bekannt), ihr Vergehen und die gewünschte Bestrafung aufgeschrieben standen. Beliebte Gründe für den Einsatz einer Verfluchungstafel konnten Diebstahl, Rache, Liebe und Entführung sein. Wer sich zu einem so weitgehenden Schritt entschloss, kam schnell auf den Punkt. Ein Beispiel lautet: *„Ich widme Plotius den Todesgöttern und den Manen, damit er in Schmerz und Qual stirbt"* Ein anderer wünscht sich: *„Ich widme Novellius den Furiengöttinnen und den Dämonen, damit er von ihnen gequält wird, bis er Fabia freigibt"* und für einen Dieb wird folgende Behandlung durch die Unsterblichen eingefordert: *„Ich widme Secundio den Todesgöttern und den Manen, damit er in Schmerz und Qual stirbt, wie es ihm gebührt für den Diebstahl von meinem Eigentum. "* Ebenso gut konnte sich die Wut aber auch auf Menschen richten, die dem Auftraggeber der Verfluchungstafel nicht bekannt waren. In Richtung eines Einbrechers heißt es darum: *„Ich rufe dich an, heilige Sulis, um den Dieb zu bestrafen, der Aquilius' Eigentum gestohlen hat. Ich fordere Rache für den Verlust."* Diese Art von Hatespeech war weit verbreitet, was umso überraschender ist, da sie hart bestraft wurde – oder sie wurde hart bestraft, weil sie so verbreitet war. Wer Götter auf andere Menschen hetzte, konnte im schlimmsten Fall sogar zum Tode verurteilt werden. Neben dieser schwarzen Magie der Verfluchungstafeln gab es übrigens auch die weiße Magie, mit der für andere Personen Glück, Freude und Wohlstand erbeten werden konnte. Es sagt vermutlich viel über den menschlichen Charakter aus, dass *„Beispiele für positive oder weiße Magie sehr viel seltener sind als solche des Schadenszaubers der schwarzen Magie"*.

Neben Göttern und Verfluchungstafeln gab es auch Amulette und Glücksbringer, um bestimmte Ziele zu erreichen. Wie eh und je beschäftigte die Männer auch in der Römerzeit ihre Zeugungskraft, die durch den Besitz von Phallus-Figuren gesteigert werden sollte. Unter dem lakonischen Titel „Viel hilft viel" präsentiert das Museum auch einen *„geflügelten Phallus, der selbst wiederum einen Phallus* *hat und einen als Phallus endenden Schwanz aufweist"*. Drei Phalli zum Preis von einem. Solche Darstellungen erigierter Penisse konnten auch als Schmuck um den Hals getragen werden, aber ebenso gut am Hauseingang angebracht sein. Offenbar fehlte den Römern das heutige Schamgefühl, wenn sie ihren Besuchern an der Türe als Erstes idealisierte Geschlechtsorgane präsentierten, wo es in unserer Gesellschaft eher eine sittsamer „Willkommen"-Fußmatte mit Sonnenblumenmotiv ist. Die Römer hatten so viel Gefallen am Phallus, dass sie sogar Öllampen ihrer favorisierten Wagenlenker in dieser recht ausdrucksstarken Form erwerben konnten. Gefeierte Helden konnten darum als Tonfiguren mit überdimensionaler Männlichkeit auf den Wohnzimmertisch gestellt werden. Eine Form von Merchandising, auf die selbst unsere so durchkommerzialisierte Sportwelt noch nicht gekommen ist. Jedenfalls sind entsprechende Messi- oder LeBron-James-Produkte nicht bekannt.

Wie überlegen das römische Imperium den meisten anderen Reichen, Völkern und Kulturen seiner Zeit war, wurde erstaunlicherweise gerade durch sein Ende noch einmal deutlich. Viele Menschen siedelten in den Ruinen des untergegangenen Reichs. Bei Trier gibt es Ausgrabungen in einem Dorf, das zweihundert Jahre in verfallenen Tempelanlagen existiert hat. Zugleich schlachteten die Menschen der post-römischen Epoche die Bauwerke aus, die ihnen hinterlassen wurden. So erging es auch den Barbarathermen in Trier, der zweitgrößten Badeanstalt des Reichs direkt nach den Trajanthermen in Rom. Als in Trier nach dreihundert Jahren römischer Herrschaft die Badesaison vorbei war, wurde die Therme unter den Franken zum Steinbruch, um eigene Projekte zu ermöglichen.

Für lange Zeit sollten damit auf dem Gebiet des ehemals römischen Reichs keine eindrucksvollen Bauwerke mehr entstehen, bevor nach vielen Jahrhunderten der mittelalter-

liche Kirchenbau eine neue Epoche einläutete, die schließlich ebenfalls imposante Architektur hervorbrachte und das
Bild des Kontinents bis heute prägt. Allerdings erlebte auch
das antike Rom eine Auferstehung. Etwa tausend Jahre
nachdem die letzte Verfluchungstafel geschrieben und das
letzte „Salve" gesprochen war, kehrte mit der Renaissance
die römische Baukunst – sowie eine generelle Verklärung
der damaligen Epoche – zurück. Im Museum steht dafür
exemplarisch der Grabaltar, den ein Domdekan im 16. Jahrhundert in Trier errichten ließ. Das Bauwerk wäre nicht
von einem antiken römischen Triumphbogen zu unterscheiden, thronte auf ihm nicht anstelle eines Zenturios
oder Kaisers der Messias der Christenheit: Jesus Christus.
Übrigens trägt Jesus dort oben eine Toga, was ihm zu Lebzeiten nicht erlaubt gewesen wäre, da er kein römischer
Bürger war. Hätte er das Bürgerrecht gehabt, wäre er wiederum nicht gekreuzigt worden, da ihm stattdessen das Privi-
leg einer zügigen Enthauptung zugestanden hätte.

Die Geschichte des alten Roms zeigt auch, dass lang-
lebige Zivilisationen von kultureller Offenheit profitierten.
So baute die römische Herrschaft nicht vor allem auf Unterdrückung auf, sondern dem Austausch mit den unter-
worfenen Völkern, für die es Vorteile mit sich brachte, Teil
des Imperiums zu werden. Roms Offenheit gegenüber den
Götterwelten anderer Kulturen ist ein gutes Beispiel für das
Erfolgsrezept dieses Imperiums, das von seinen Anfängen
bis zum Untergang etwa 1200 Jahre lang die Geschichte
Europas, Asiens und des Nahen Ostens prägte. Andere Reiche, die vor allem auf Brutalität und Unterdrückung setzten, vergingen oft innerhalb weniger Generationen oder
schon nach dem Tod eines charismatischen Anführers,
wobei das Mongolenreich Dschingis Khans wohl das berühmteste Beispiel dafür ist. Rom hingegen hatte nie die
kulturelle Überheblichkeit gekannt, in allem das Maß der
Dinge zu sein, sondern nahm mit Interesse soziale, kultu-

relle und religiöse Eindrücke aus anderen Kulturen auf. Ja, sein Erfolgsgeheimnis war vielleicht gerade die Unbekümmertheit, mit der kulturelle Aneignung betrieben wurde. Eine Offenheit, die sich nur eine selbstbewusste Zivilisation leisten kann.

Wobei ohnehin die Frage ist, ob es grundlegende Unterschiede zwischen Kulturen auf der Welt gibt. Gerade in Bezug auf Religion und den Aufbau von Gesellschaften. Um mehr darüber zu erfahren, nach welchen Regeln und Vorstellungen Menschen an den verschiedensten Orten unserer Erde leben, geht es als nächstes nach München ins ehemalige Völkerkundemuseum, das mittlerweile Museum Fünf Kontinente heißt.

12

Globale Kulturen – Das haben wir aber viel früher erfunden

Ort: Museum 5 Kontinente in München

Direkt gegenüber dem bayerischen Landtag befindet sich die Königlich Ethnographische Sammlung bzw. das Königliche Ethnographische Museum bzw. das Museum für Volkerkunde bzw. das Staatliche Museum für Völkerkunde bzw. das Museum Fünf Kontinente. Seit es 1862 eröffnet wurde, erlebte es eine wahre Flut an Namensänderungen. Ziel dieses Museums ist es, die außereuropäischen Kontinente vorzustellen. Weswegen es Ausstellungsbereiche zu Ozeanien, Asien, Afrika, Amerika und dem Islam gibt. Letzterer fällt ein wenig aus der Reihe, da er kein Kontinent ist und wirklich nachvollziehbarer wird diese Entscheidung eigentlich auch während des Besuchs nicht. Ob da womöglich bald die nächste Namensreform ansteht: *Vier Kontinente und eine Religion Museum.*

Ein Wegbereiter dieser Einrichtung hieß Philipp von Siebold. Er war ein Arzt und Naturforscher aus Würzburg, der von 1823 bis 1830 in Japan leben durfte. Einem Land, das sich damals fast komplett von der Außenwelt abgeschirmt hatte. Dort schloss er Freundschaften, heiratete, wurde Vater und als er das Land nach sieben Jahren verließ, stahl er Dokumente und Landkarten, die Japan nicht verlassen durften, was sie dann auch nicht taten, da sein Schiff in einen Sturm geriet, der es an die Küste zurückwarf, wo bei der Rettung der Fracht auch sein Diebesgut entdeckt wurde. Es dauerte viele Jahre und eine schwere diplomatische Krise, bis ihm die Einreise wieder erlaubt wurde. Obwohl er seinen einstigen Status nicht mehr wiedererlangen konnte, ist sein Einfluss auf die Geschichte Japans außergewöhnlich. Seine japanische Tochter wurde die erste Frauenärztin und Geburtshelferin nach westlichem Vorbild und sein Sohn einer der Gründer des Roten Kreuz Japan. Wie weit Siebolds Faszination für den Fernen Osten gibt, zeigt auch sein Münchner Grab in Form einer buddhistischen Stupa. Außerdem zierte sein Familienwappen kein Löwe, kein Drachen und kein Adler, sondern eine Pipette. Eine gute Wahl für jemanden, der sein Leben der Forschung verschrieben hatte. Siebold trieb die Idee eines Museums energisch voran und erlebte noch dessen Eröffnung, bevor er 1866 starb.

Die Ausstellung breitet sich über beide Stockwerke dieses Monumentalbaus aus dem 19. Jahrhundert aus. Im ersten Stock geht es mit dem Islam los, dieser Religion mit 1,6 Milliarden Anhängern, die nur vom Christentum übertroffen wird. Gleich zu Beginn verweist ein Exponat auf die Ursprünge dieses Glaubens in der Wüste, da das Schulterblatt eines Kamels als Schreibtafel vorgestellt wird. Zu Lebzeiten Lastenträger, danach Fleischlieferant und schließlich knochenhartes „Papier", viel effizienter kann ein Tier nicht ausgeschlachtet werden. Es werden auch religiöse Hilfs- und Heilmittel präsentiert. Etwa eine Schale, die mit eingravierten Koranversen und magischen Formeln bedeckt ist. Diese werden von Derwischen und volkstümlichen Heilern bei der Behandlung von Krankheiten verwendet.

Wer daraus trinkt, nimmt die segensreiche Wirkkraft der arabischen Schriftzeichen auf. Eine Denkweise, die der ähnelt, die hinter der Homöopathie steht.

Während im Christentum der Katholizismus eine Fülle an Gemälden, bemalten Scheiben, Figuren und allerhand andere Darstellungen biblischer und religiöser Motive kennt, ist diese Art der figürlichen Darstellung im Islam verboten – wie übrigens auch im Judentum. Trotzdem hat sich an den Herrscherhöfen und im volkstümlichen Islam eine reiche Bildtradition entwickelt. Da die bildhafte Darstellung dennoch eingeschränkt ist, gewinnt die Schrift eine umso größere Bedeutung. Das Arabische ist für einen großen Teil der islamischen Welt das, was das Latein für den Westen ist. In Persich, Urdu, Paschtu, Pandschabi und Sindhi ist sie die Schriftsprache, die aber von Region zu Region teilweise erhebliche Anpassungen erfuhr. So kamen etwa im Sindhi, einer in Teilen Pakistans und Indiens gesprochenen Sprache, nicht weniger als zwanzig Buchstaben dazu. Früher gehörte auch die Türkei in diese Liste, doch sie hat im 20. Jahrhundert den Weg vom Arabisch ins Lateinische genommen.

Ein Schwerpunkt der Islam-Ausstellung ist dem Volk der Kafire im Hindukusch gewidmet. In Legenden gelten sie als Nachkommen jener Streitmacht, mit der Alexander der Große 327 v. Chr. in Richtung Indien marschierte. Die Kafiren (ein islamisches Wort für Ungläubige) konnten ihre Vielgötterei bis Ende des 19. Jahrhunderts verteidigen, als um sie herum die Islamisierung längst erfolgreich gewesen war. Im Winter 1895/1896 jedoch schickte der Herrscher Afghanistans, Emir Abdur Rahman, seine Armee in die schwer zugängliche Bergregion Nuristan, unterwarf schließlich die Kafire und zwang ihnen den islamischen Glauben auf. Damit ging eine uralte, vorislamische Kultur unter. Heute gibt es nur noch im Nordwesten Pakistans eine entfernt verwandte und winzige Gruppe von Kalascha-Kafiren, die vom Islamismus ebenfalls stark bedrängt werden.

Von den Hängen des Himalayas geht es in der Ausstellung jetzt nach Ozeanien und damit in den pazifischen Raum. Zu diesem muss man als erstes wissen, dass er riesig ist. Er umfasst mehr als ein Drittel der Erdoberfläche, ist dafür mit 270 Millionen Menschen aber nicht besonders stark bevölkert (ja, wir Menschen sind sehr viele, wenn man das über eine Population von mehr als einer Viertelmilliarde sagen kann) und wurde zum Teil erst sehr spät besiedelt. So ist Neuseeland wohl erst seit Anfang des 13. Jahrhunderts bewohnt Zu dieser Zeit hatten die Cheopspyramide schon über 3500 Jahre auf ihrem sandigen Steinrücken.

Überragende Bedeutung in den ozeanischen Kulturen hat die Familie und dort vor allem die Ahnenverehrung. Sie durchdringt das ganze Leben und jeden sozialen Raum. Das Versammlungshaus, der Mori, gilt dabei sogar als Körper der Ahnen. Wer nun aber denkt, dass es sich hier um ein harmonisches Verhältnis über den Tod hinaus handelt, liegt nur halb richtig. Ahnen sind durchaus launisch und wenn sie sich vernachlässigt fühlen, können sie ihren Nachkommen das Leben schwer machen. Darum müssen sie durch Verehrung, Tänze, Maskeraden und allerlei weitere Gesten und Taten zufriedengestellt werden.

Daneben prägen aber auch Gottheiten die Welt, was eine gute Gelegenheit ist, um einen bekannten Schöpfungsmythos aus Ozeanien vorzustellen: Ein Krokodil tauchte zum Grund des Urmeers hinab und brachte die Erde auf seinem Rücken hinauf an die Wasseroberfläche. Bis heute trägt es diese Last und wenn es sich bewegt, bebt die Erde. Was sie in Ozeanien ziemlich oft tut, da es in einem Erdbebengebiet liegt. Wo wir schon bei Schöpfungsgeschichten sind, bleiben wir auch gleich dabei und wenden uns nach Amerika, bevor diese Ausstellung später ohnehin noch auf diesen Kontinent führt. Für die nordamerikanischen Indianer herrschte am Anfang tiefste Finsternis, was für ihre Jäger ein Problem darstellte, da sie nicht zwischen Tier und Mensch unterscheiden konnten. Das Problem löste sich durch einen Raben, der mit einem Stück Glut zum Himmel hinaufflog, das dort zur Sonne wurde. Auf diese Weise kam das Licht in die Welt, was die indianischen Jäger vermutlich mehr freute als die Tiere. Ein ganzes Stück komplexer sieht der Beginn von allem im Myanmar-Buddhismus aus, der in den Räumen neben den Ozeaniern vorgestellt wird. Für sie ist das Universum ein Weltenberg mit Namen Myint-mo, der von sieben Meeren und sieben Ringkontinenten umgeben ist, die hier aber nicht weiter von Interesse sind. Ganz im Gegensatz zu den vier Inseln an den Ausläufern des Weltenberges, die für die vier Himmelsrichtungen stehen. Eine davon, Zappudippa, ist unsere Erde, auf die einst ätherische Wesen herabstiegen, die zu Mann und Frau wurden, bevor ihre Nachkommen *„die Notwendigkeit zu arbeiten"* erkannten, was theologisch gesehen offenbar eine neue Bewusstseinseben eingeläutet hat.

Und damit geht es im diesseitigen Ozeanien weiter, wo der Tod manchmal nicht das Ende, sondern nur eine neue Herausforderung darstellt. Auf der Insel Neuirland im Bismarck-Archipel etwa muss die Familie des Verstorbenen einen Kampf gegen ihn gewinnen, damit er sich nicht posthum gegen sie wendet. Allerdings beginnt dieses Duell nicht sofort, sondern erst nach zwei bis drei Jahren, wenn alle vom Verstorbenen angebauten Pflanzen und Früchte geerntet und verzehrt sind, wenn sein Haus verbrannt wurde – eine Tradition, die in dicht bewohnten europäischen Städten vermutlich auf gewissen Widerstand stoßen würde – und seine Verwesung abgeschlossen ist. Letzterer Prozess sollte unbedingt auf einem umzäunten Friedhof stattfinden, denn nur auf diesem heiligen Boden kann die dabei freigesetzte Energie eingefangen und in eine eigens dafür angefertigte Holzfigur gesteckt werden. Wenn das gelungen ist, muss die nun belebte Figur getötet werden, womit auf gewisse Weise der Verstorbene einen weiteren Tod erleidet. Wenn der Verwandte beziehungsweise seine Energien auf diese Weise fachmännisch bearbeitet wurden, fährt die Familie den Lohn ihrer Mühen ein. Nach der Zerstörung der Holzfigur ist die Energie zwar wieder frei, wirkt nun aber im Sinne der Lebenden. Wenn es hingegen nicht gelingt, die Energie des Verstorbenen auf diese Weise zu bändigen, wendet sie sich Unglück bringend gegen die eigene Familie.

Zwischen unserer profanen Welt und den mystischen Sphären der Vorfahren wird übrigens nicht in erster Linie in Worte vermittelt. Sondern durch Tänze und das Tragen von Masken. Darum gibt es eine Fülle an Holzskulpturen, die tanzende Menschen zeigen. Nackte tanzende Menschen, an denen auffällt, dass längst nicht jeder Künstler an den pikanten Stellen so sparsam modellierte wie Michelangelo seinen David.

Damit führt die Ausstellung auf den nächsten Kontinent: Asien. Dort soll das buddhistische Land Myanmar stellvertretend einen Eindruck über Sitten und Gebräuche geben. Dort gibt es eine Art theologischen Wehrdienst für alle Jungs, für den sie einige Wochen bis Monate ins Kloster gehen, um dort lesen und schreiben zu lernen und in die buddhistischen Lehren eingeführt werden. Offenbar scheint es keinen Bedarf zu geben, auch Mädchen die Tiefe dieses Glaubenssystems näherzubringen.

Der Buddhismus nimmt im Reigen der Weltreligionen eine Sonderstellung ein, weil er als einzige keine Gottheit kennt. Buddha selbst war ein Mensch und wie alle anderen versuchte er, aus dem ewigen Kreislauf aus Sterben und Wiedergeburt auszubrechen. Da es ihm am Ende gelang, dient er als leuchtendes Vorbild dafür, dass der Übergang ins Nirwana möglich ist. Dass Buddhafiguren heilen und helfen können, ist für Gläubige eine ausgemachte Sache. Berühmt dafür ist etwa die einzige Brille tragende Buddhafigur. Ihr werden, durchaus naheliegend, Wunderdinge in Sachen Augenkrankheiten zugetraut. Diese Steinfigur ist sechs Meter hoch und allein ihre Sehhilfe wiegt sechs Kilo, wobei es sich heute nicht mehr um das Original aus dem 18. Oder 19. Jahrhundert handelt (niemand weiß, wie alt sie wirklich ist) und auch nicht um den ersten oder zweiten Ersatz, sondern schon den dritten. All diese Diebstähle und einige weitere Krisenfälle haben diesen Buddha aber nur noch lässiger gemacht, denn sein aktuelles Brillenmodel hat getönte Gläser.

Neben dem Buddhismus ist in Myanmar auch ein ausgeprägter Geisterglaube beheimatet. Bei den so genannten Nat handelt es sich um übernatürliche Wesen, die einst Menschen gewesen sind. Sie können Glück und Reichtum bringen, aber auch Kummer und Armut, wenn ihnen nicht genügend Aufmerksamkeit und Opfer dargebracht werden. Zum Nat wurden lokale Helden ebenso wie Herrscher anderer Volksgruppen. Sie mussten dabei keine Buddhisten sein, weswegen es unter diesen Geistern auch Hindus und Moslems gibt – wobei sie als Nats natürlich außerhalb dieser religiösen Kategorien stehen. Sie alle eint ein gewaltsamer Tod, der ihre Wiedergeburt verhindert und damit ihr Geisterdasein begründet hat. Sie stecken somit im toten Winkel zwischen Wiedergeburt und Nirwana fest. Erstaunlich ist ihre sehr geringe Zahl von nur 37, wobei sie mit Thagyamin sogar einen König haben.

Auch Afrika kennt Könige, allerdings lebendige und menschliche und manchmal auch unfassbar reiche, womit die Reise um die Welt auf dem nächsten Kontinent angelangt ist. Der Reichste von allen hieß Mansa Musa und war im 14. Jahrhundert Herrscher im heutigen Mali. Auf einer Pilgerreise nach Mekka soll er einst in Ägypten so viel Geld ausgegeben haben, dass der dortige Goldpreis auf Jahre hinweg ruiniert blieb. Könige legitimierten ihre Abstammung von Gottheiten oder mythischen Gründervätern, wobei ihnen zugebilligt wurde, selbst eine Art göttliches Wesen zu sein, die nicht dem menschlichen Machtstreben unterworfen sind. Deswegen durfte ihr Handeln auch nicht von Menschen in Frage gestellt werden. Wer genau sich diese Argumentation ausgedacht hat, ist unbekannt, aber der Verdacht liegt nahe, dass sie aus den herrschenden Eliten selbst kam. Könige lebten aber trotzdem gefährlich, denn sie repräsentierten das Reich und durften sich darum keine Schwächen oder Krankheiten leisten, da sonst auch das Reich schwach und krank wirkte. In so einem Fall war der göttliche Kredit offenbar schnell aufgebraucht und sollte der Rückzug nicht freiwillig erfolgen, wurde der Monarch kurzerhand getötet.

Ob ein König im Falle seines gewaltsamen Endes auf einen „Partner aus der Jenseitswelt" traf, ist nicht klar. Das Volk der Baulen jedenfalls glaubt daran, dass es nicht nur ein Leben nach dem Tod gibt, sondern auch eines vor der Geburt. Und genau das kann im Diesseits einige Probleme machen, da der Jenseitspartner in jener anderen Sphäre zurückgelassen wird. Während der ersten Erdenjahre bleibt das Verhältnis auch weiter harmonisch, was sich aber mit Beginn der Pubertät ändert. Der Jenseitspartner fordert nun immer mehr Aufmerksamkeit ein und fängt an, das Diesseitsleben zu sabotieren, wenn er sie nicht bekommt. Dabei geht es nicht um kleine Streiche, sondern schwerwiegende Angriffe auf das Wohlbefinden, die mit Impotenz, Unfruchtbarkeit oder beruflicher Erfolglosigkeit enden können. Damit es nicht so weit kommt, werden Holzschnitzereien angefertigt, die ihn beruhigen und besänftigen sollen. Letztlich handelt es sich bei ihm um einen Art Privatgott, der aber mit der Eifersucht ausgestattet ist, mit der Unsterbliche schon so manchem Menschen das Leben zur Hölle gemacht haben. Zugleich ist diese Krise während des Erwachsenwerdens eine erstaunlich gute Metapher für die konfliktreiche Beziehung zwischen Eltern und ihrem pubertierenden Kind. Dieses Konzept deutet schon an, wie wichtig auch in Afrika die Verbindung zu den Ahnen und in an-

dere Welten ist. Ähnlich wie die Ozeanier setzen auch sie für
den Austausch mit diesen Welten auf Tänze und Masken.

Daneben kennen viele afrikanische Kulturen aber noch
ein drittes mächtiges Werkzeug, um den Lauf der Dinge zu
beeinflussen: Krafttiere. In der Ausstellung ist ein schwarzer
Holzhund zu sehen, in dem dutzende Nägel stecken, was
ihm mehr das Aussehen eines Stachelschweins verleiht.
Diese Nägel dienen zum Anzapfen der übermenschlichen
Kräfte des Hundes, dem vor allem in Zentralafrika viele
Menschen eine besondere Macht zuschreiben. So könne er
unter anderem in die Welt der Lebenden und in die der
Toten blicken. Vermutlich ist nur den wenigsten deutschen
Hundebesitzern klar, was in ihren Waldis steckt, die sie am
Abend im Bett schlafen lassen, damit sie sich nicht ängsti-
gen. Diese Tiere sind mit je zwei Pfoten im Diesseits und
mit den beiden anderen im Reich der Toten und müssen
darum vielleicht gar nicht in Watte gepackt werden.

Womit nun auch schon zur letzten der fünf Ausstellungsbereiche übergesetzt wird. Nach Amerika und dort als erstes
in den Norden. Durchdrungen ist das Denken der Indianer
davon, dass alle Dinge belebt sind. Dieser Animismus
wurde zwar mit der Christianisierung erheblich zurück-
gedrängt, ist aber trotzdem noch vorhanden. Darum er-
weist der Jäger durch rituelle Handlungen seiner erlegten
Beute und dem Herrn der Tiere Respekt, nachdem zuvor
oft schon ein Schamane eine Art Jagd-Vertrag mit dem
Herrn der Tiere ausgehandelt hat. Wobei der Einfluss dieser
Medizinmänner zunehmend abnahm, seitdem sich die von
Europäern mitgebrachte Medizin als deutlich wirkungs-
voller erwies als ihre Kräuter und Beschwörungen. Eine
Infotafel weist jedoch darauf hin, dass die Überlegenheit
der *westlichen Medizin* in besonderem Maße auf die „von
den Europäern mitgebrachten Krankheiten" wie Pocken,
Grippe, Mumps oder Masern zutraf, an denen zum Teil

mehr als 90 % aller Mitglieder eines Stammes starben, weil ihre Körper gegen diese neuen Viren keinen Immunschutz aufgebaut hatten. Während die Dezimierung durch eingeschleppte Krankheiten keine bewusste Entscheidung war – so wie die europäischen Seefahrer mit großer Wahrscheinlichkeit umgekehrt die Syphilis aus Amerika nach Europa mitbrachten, wo sie ebenfalls grausam wütete –, trifft das auf die späteren militärischen Auseinandersetzungen nicht zu. Zur Tragik der Apachen gehört dabei, dass sie heute vor allem deswegen bekannt sind, weil sie tapfer kämpften und am Ende doch brutal unterworfen wurden. Mit der Niederschlagung des letzten Widerstandes endeten 1886 die Indianerkämpfe in Nordamerika.

In Süd- und Mittelamerika fanden die europäischen, und dabei zu Beginn meist spanischen und portugiesischen, Eroberer eine völlig andere kulturelle und gesellschaftliche Situation vor. Während die Indianer Nordamerikas keine Städte gebaut hatten, gab es im Süden des Doppelkontinents Metropolen, die es mit denen Europas aufnehmen konnten, wobei in Paris oder London keine Pyramiden standen, wie etwa in Trujilo oder Chiclayo. Trotzdem ist über die Zeit vor der spanischen Eroberung kaum etwas bekannt, was sowohl an der brutalen Dezimierung der Ureinwohner lag – ebenfalls aufgrund eingeschleppter Krankheiten, aber auch der Kaltblütigkeit der Eroberer – als auch daran, dass keine Schriften aus jener Zeit überliefert sind oder gelesen werden können. Unser heutiges Wissen über das Lateinamerika vor der Ankunft der Europäer beruht einzig auf archäologischen Ausgrabungen. Die Besiedlung des südamerikanischen Kontinents begann dabei um 10.000 vor Christus (die Nordamerikas übrigens schon 30.000 vorher über die damals vereiste Beringstraße), während die älteste Stadt des Kontinents in Peru liegt und Caral heißt. Sie bringt es auf 5000 Jahre. Wobei sie nach heutigen Maßstäben keine Stadt war, sondern ein Dorf und noch dazu ein kleines. In seiner Blütezeit lebten kaum 1000 Personen dort. Ebenfalls in Peru blühte vom 2. Bis 8. Jahrhundert die Nasca-Kultur und hinterließ mehr als 1500 überdimensionale geometrische und figürliche Zeichnungen in der Wüste. Lange Zeit wusste niemand so wirklich, welchem Zweck sie dienten, außer die Auflage von Erich von Dänikens UFO-Fantastereien in die Höhe zu treiben. Doch mittlerweile wird stark vermutet, dass es sich um raumgreifende Bitten an die Götter um Regen handelte.

Als die Spanier ankamen, beherrschten gerade die Inkas große Teile Südamerikas, deren Riesenreich sich über mehr als 5000 Kilometer von Kolumbien, über Ecuador, Peru und Bolivien, bis nach Zentralchile erstreckte. Kerngebiet war der heutige Staat Peru, und dort die Stadt Cusco, wo 1572 schließlich auch der letzte Inka-Herrscher hingerichtet wurde. Noch früher, 1521, brachten spanische Konquistadoren unter Hernando Cortez das Aztekenreich zu Fall, dessen Hauptstadt im heutigen Mexiko in Mittelamerika lag. Ihre Herrschaft baute auf einer erstaunlich effektiven Bürokratie und gnadenloser Brutalität auf. Vor allen letztere sorgte dafür, dass sich einige unterdrückte Völker den Spaniern im Kampf anschlossen. Für diese erfüllte sich die Hoffnung auf ein friedlicheres Leben nach dem Sturz der Azteken nicht, da sie nun mit den spanischen Warlords neuen Herren ausgeliefert waren. Was für ein Weltbild prägte aber die spanischen Eroberer?

Um mehr darüber zu erfahren, begebe ich mich als nächstes in die Zeit, in der die Vorstellungen und Dogmen zementiert wurden, die noch die Europäer der Neuzeit leiteten: das Mittelalter und der christliche Glauben. Dafür geht es von München ins nahe gelegene Nürnberg, nachdem ich hier im Museum Fünf Kontinente festgestellt habe, dass Werte wie Familie, Glaube und Tradition überall auf der Welt gepflegt werden und die Gemeinschaften zusammenhalten.

13

Mittelalter – Zwischen Kreuzzug und Ketzerei

Ort: Germanisches Nationalmuseum in Nürnberg

Das Germanische Nationalmuseum befindet sich in Nürnberg und für einen Blick ins Mittelalter gibt es kaum eine bessere Stadt. Sie wirkt, als könnte jederzeit wieder ein König einziehen und die Burg bewohnen, die das Panorama prägt. Wirtshäuser heißen hier *Alte Post* oder *Zum Gulden Stern* und an jeder Ecke kann mittelalterliche Bauwerkskunst bewundert werden. Hier ein Brunnen mit allerlei Verzierungen, dort ein altes Rathausgebäude und immer wieder diese Brücken über den Fluss Pegnitz, die entweder aus dem Mittelalter sind oder zumindest erfolgreich diesen Eindruck erwecken sollen. Von daher kommt man schon gut eingestimmt im Museum an, das 1852 auf dem Gelände eines Karthäuserklosters aus dem Jahr 1380 gegründet wurde, in dessen Überresten heute noch große Teile der Ausstellungen untergebracht sind. Die Gründung fiel in eine Zeit patriotischer Erweckung, wobei *germanisch* den Bezug auf den gesamten deutschsprachigen Kulturraum betonen sollte. In jener Epoche wurden unter anderem Nationaldenkmäler am Rhein bei Rüdesheim, im Teutoburger Wald, in Leipzig und dem Kyffhäuser errichtet. Selbst am Kölner Dom wurde wieder gearbeitet, dieser Generationen-Baustelle in Köln, und in der Walhalla bei Regensburg wurden Büsten der berühmtesten Deutschen aufgestellt, wo sie bis heute besichtigt werden können. In Nürnberg wiederum wollte ein junger Adeliger ebenfalls seinen Beitrag zur Hebung deutschromantischer Schätze leisten, auch wenn er dabei nicht immer streng zwischen Sage und Wirklichkeit zu unterscheiden wusste. Er hieß Hans von und zu Aufseß und stiftete auch den Grundstock der Ausstellung, indem er seine private Sammlung zur Verfügung stellte.

Man kann nicht genau sagen, von wann bis wann das Mittelalter dauerte. Im Germanischen Nationalmuseum geht es mit den Langobarden los. Sie eroberten im Jahr 568 Italien und nahmen bald darauf den katholischen Glauben an. Bald danach wurde das Frankenreich unter den Merowingern im 6. und 7. Jahrhundert die einflussreichste Macht im Westen Europas, bevor die Karolinger unter Karl dem Großen eine der prägenden Persönlichkeiten des frühen Mittelalters hervorbrachten und ihrerseits das Frankenreich führten. Karl der Große selbst litt nicht unter falscher Bescheidenheit und reklamierte den römischen Kaisertitel für sich, den zuvor 324 Jahre lang niemand mehr beansprucht hatte. Er stieß auch in den Osten Europas vor und verbreitete dort das Christentum, führte eine einheitliche Schriftsprache ein und regelte die Münzordnung neu, was dem Handel Auftrieb gab. Die Karolinger verließen schließlich recht undramatisch, durch Aussterben, die europäische Bühne und wurden von den Ottonen abgelöst, auf die wiederum die Salier folgten und schließlich im 12. Jahrhundert die Staufer, deren berühmtesten Sohn noch heute fast jeder kennt: Barbarossa. Mit den Staufern kam das Mittelalter zu ihrer letzten prägenden Herrscherfamilie.

Was schon zu Beginn der Ausstellung klar wird, ist die oft bemerkenswert dünne Quellenlage in Bezug auf mittelalterliche Funde und Objekte. Die schwärmerische Begeisterung der Mittelalterfreunde des 19. Jahrhunderts, zu denen auch der Museumsgründer Hans von und zu Aufseß gehörte, macht die Sache nicht leichter. Unbekümmert wurden damals Bilder der Vergangenheit verbreitet, die eher in fantastische Romane gehören als in ein Museum. Die Ausstellung selbst findet freundliche und doch eindeutige Worte für dieses Problem und verweist darauf, dass so manche Darstellung mittelalterlichen Lebens *„weit über das von der Überlieferung gedeckte Wissen hinausgehen."* Was die dünne Quellenlage angeht, wird schon kurz darauf klar, wie dramatisch die Lage wirklich ist. Dabei geht es um eine ziemlich ramponierte Fahne mit Deutschland-Adler. Sie galt über Jahrhunderte als Fahne von Karl dem Großen, mittlerweile ist jedoch klar, dass sie mit dem großen Herrscher nichts zu tun hatte und nicht einmal eine Fahne war. Stattdessen gilt dieser Stoff nun als der „älteste erhaltene Heroldsrock". Auch das ist beeindruckend, aber die Fallhöhe von der kaiserlichen Fahne hin zur schnöden Heroldsbekleidung ist natürlich gewaltig. Karl der Große macht der Mittelalterforschung überhaupt etwas zu schaffen. Es gibt ein prächtiges Glasgemälde, das einen Mann im goldenen Gewand und mit goldener Krone zeigt. Auch Reichsschwert und Reichsapfel nennt er sein Eigen. Offensichtlich ist es ein mächtiger Herrscher, der da abgebildet ist und es gibt gute Gründe anzunehmen, dass uns hier Karl der Große präsentiert wird. Es gibt aber ebenso gute Gründe anzunehmen, dass wir es mit König Stephan von Ungarn zu tun haben. Das Bild ist wertvoll und wird in seiner Zeit sicherlich Eindruck gemacht haben und doch ist zwischen damals und heute die nicht unwichtige Information abhandengekommen, wer hier genau gezeigt wird. Entsprechend heißt es auf der Erklärtafel ebenso korrekt wie etwas unbefriedigend: *„Kaiser Karl der Große oder König Stephan von Ungarn".*

Wenige Schritt weiter folgt das populärste Thema, das mit dem Mittelalter verbunden wird: Ritter. Bis heute umweht sie ein besonderer Ruf von Tapferkeit, Ehre und Abenteurertum. Ritter wurde man durch den Ritterschlag des Herrschers und musste sich durch *„vorbildliche Lebensführung und untadelige Erscheinung"* auszeichnen, was eine recht allgemeine Feststellung ist. Außerdem sollte man offenbar in der Lage sein, Drachen zu töten, falls diese eine Jungfrau, eine Stadt oder allgemein ein Land attackieren würden. Dieser Eindruck drängt sich jedenfalls beim Blick auf den Heiligen Georg auf, der das Idealbild des Ritters wie kaum jemand anderes verkörpert, und auf unzähligen Gemälden, Skulpturen, Fresken und Mosaiken damit beschäftigt ist, gerade einem Drachen die Lanze in den Hals rammen. Es gab aber noch etwas anderes, was ein Ritter mitbringen musste. Etwas, das in jener Zeit so selbstverständlich war, dass es oft vergessen wird. Ritter mussten Christen sein. Da damals aber, von den kleinen jüdischen Gemeinden abgesehen, fast alle Europäer Christen waren, brachte jeder dieses Attribut mit. Der Ritter ist zwar bis heute in Literatur und Film präsent und damit der prominenteste Vertreter des Mittelalters, doch ist er längst ausgestorben und strahlt nicht mehr in unsere Zeit aus. Ganz im Gegensatz zu einem anderen kulturellen, gesellschaftlichen und ökonomischen Phänomen, das zwar nicht im Mittelalter erfunden wurde, dort aber seine modernen Züge annahm: das Stadtleben. Stadtluft macht frei, hieß es und auch wenn das keine Freiheit im heutigen Sinne meinte, war es doch eine Erleichterung für all jene, die dem harten und vorbestimmten Leben auf dem Land entkommen wollten. Ab dem 13. Jahrhundert bildeten sich in ihnen Zünfte, die Qualitätsstandards festlegten und sich für die Interessen ihrer Berufsgruppen einsetzten.

Beim Gang durchs Museum fällt auf, mit wie viel Liebe zum Detail mittelalterliche Steinmetze und Handwerker oft gearbeitet haben. Da finden sich Laternen in der Form

gotischer Türme und Wasserableitungen in Gestalt von
Hunden oder Fabelwesen, wo es aus rein praktischer Er-
wägung auch eine schnöde Regenrinne getan hätte. Diese
Zeugnisse mittelalterlicher Schaffenskraft wirken auf heutige Betrachter wie die Ergebnisse einer überbrodelnden
kreativen Begabung, dienten aber oft auch als Schutz vor
Dämonen und anderen übernatürlichen Gefahren. Dass es
sich beim Mittelalter um eine Zeit gehandelt hat, in der die
Ästhetik nicht der Form untergeordnet war, sondern einen
Wert an sich darstellte, machen nicht zuletzt die bis heute
faszinierenden Kirchen und Dome deutlich. Auf jedem
vorspringenden Stein sitzt ein Männlein, Engel schweben
auf Glasscheiben und überall finden sich Meisterwerke alter
Steinmetzkunst, die beim nachlässigen Blick übersehen
werden. Auch in dieser Hinsicht setzten die Städte Maß-
stäbe, denn diese gewaltigen Gotteshäuser wurden innerhalb ihrer Mauern errichtet. In den aufstrebenden Metropolen wurden deswegen Lehrlinge und Auszubildende gebraucht, was Menschen aus den Dörfern anlockte, die
damit oft nicht mehr den Beruf des Vaters übernahmen
und so altbekannte Lebenskonzepte auf den Kopf stellten.
Der Aufstieg der Städte war somit auch eine soziale und
kulturelle Revolution. Vor allem war er aber auch, trotz
aller Armut und Not, eine Erfolgsgeschichte. Viele Städte
wurden reich und mächtig und so kam es immer öfter vor,
dass die selbstbewussten Stadtherren nach Unabhängigkeit
von ihren bisherigen Fürsten strebten. Sie wollten selbst
über sich entscheiden und nur noch den Kaiser über sich
akzeptieren. Oft erkauften sie sich ihre Freiheit durch eine
finanzielle Ablösung beim bisherigen Fürsten. In manchen
Fällen musste die Sache aber auch militärisch geklärt werden.
   Sobald eine Stadt sich seine Unabhängigkeit gesichert
hatte, setzte sie ihre eigene Gerichtsbarkeit ein und verpflichtet für den Fall eines militärischen Konflikts alle Männer zum Dienst an der Waffe. Wobei fremde Streitmächte
weniger gefürchtet waren als eine andere große Gefahr:

Feuer. Die meisten Häuser wurden aus leicht brennbarem Material wie Holz gebaut, deren Dächer noch dazu mit Stroh, Reisig oder sonstigem nicht hitzefesten Material abgedeckt waren. Es fällt uns heute schwer, zu erahnen, was für eine vernichtende Gefahr Feuer noch im Mittelalter darstellte und wie regelmäßig es zu verheerenden Katastrophen kam. So brannte Lübeck im Jahr 1157 nieder, nachdem es erst 14 Jahre zuvor gegründet worden war. Insgesamt sollte die Stadt in den ersten knapp 130 Jahren seiner Geschichte dreimal ein Opfer der Flammen werden. Ebenso traf es Regensburg, Bremen, Venedig, Verona, Padua, München, Bern, Amsterdam und Dresden. Um nur einige der bekannteren Städte zu nennen. Sie alle wurden schwer getroffen, wobei es ihnen immer noch besser erging als Wien. Diese Stadt brachte es zu tragischer Berühmtheit, weil sie allein zwischen 1258 und 1327 fünfmal komplett oder wenigstens zu großen Teilen abbrannte. Um genau zu sein 1258, 1262, 1276, 1326 und 1327. Aber auch vom offenbar leicht entflammbaren Wien des 13. und 14. Jahrhunderts abgesehen, kam es mit erschreckender Regelmäßigkeit vor, dass ganze Städte ein Raub der Flammen wurden. Feuer, Hunger und Krieg bedrohten Sicherheit und Leben der Menschen und wenn sie Pech hatten, und das hatten sie im Mittelalter erstaunlich oft, kam alles drei zusammen. Wobei Stadtbrände keine Eigenheit dieser Epoche darstellten, sondern eine Konstante der Menschheitsgeschichte. Dass wir heute in Städten leben, bei denen eine vollständige Zerstörung durch Brandstiftung oder Blitzschlag ziemlich unwahrscheinlich ist, stellt die Ausnahme zum bis dahin recht unergiebigen Bündnis zwischen der Menschheit und effektiven Brandschutzbestimmungen dar.

Auch wenn der Fernhandel damals noch nicht stark ausgebaut war, ist es doch bemerkenswert, dass es in manchen Geschäftsbereichen schon engste Verbindungen in ferne Länder und Kulturen gab. Besonders international ausgerichtet, stellte sich dabei die Textilindustrie dar, die sich Seide aus Byzanz, dem Nahen und Fernen Osten liefern ließ. Ein anderer Antrieb für die Übernahme fremder Waren und (Haushalts-)Gegenstände waren ausgerechnet die Kriege mit muslimischen und osmanischen Armeen. So brachten die Kreuzritter vermehrt Schachspiele mit in die Heimat und verbreiteten diesen Sport so in Europa, wobei es dadurch vorkommen konnte, dass christliche Kämpfer in ihrem Zuhause ungerührt Figuren über das Spielfeld führten, die anstelle eines Königs einen Sultan zeigen, statt Bauern muslimische Soldaten und anstelle von Pferden Kamele.

Was in der Mittelalterausstellung kaum vorkommt, ist das Leben der Juden als angefeindete Minderheit in einer christlichen Umgebung. Meist sind sie nur eine Randbemerkung, wie etwa der Hinweis auf das wirtschaftliche Erblühen Nürnbergs zeigt: „Unter Kaiser Karl IV. wurde Nürnberg zu einer der führenden deutschen Reichsstädte. Der anstelle des Judenviertels geschaffene Hauptmarkt mit dem Schönen Brunnen und der Frauenkirche bildeten den neuen städtischen Mittelpunkt." Sicherlich war dieser neue städtische Mittelpunkt eine Aufwertung, aber es würde auch interessieren, was für Maßnahmen hinter dem saloppen Hinweis *„anstelle des Judenviertels"* standen. Wurden die Juden aus der Stadt vertrieben, erhielten sie einen anderen Ort zugewiesen, lief dieses *„anstelle des Judenviertels"* gewaltsam oder einvernehmlich ab. Das wären spannende Fragen gewesen, die viel über den Umgang der Mehrheit mit einer Minderheit verraten hätte, die von christlicher Seite verunglimpft und ausgegrenzt wurde und immer wieder blutige Übergriffe ertragen musste. 1499 jedenfalls wurden die Juden aus der Stadt vertrieben und die Grabsteine ihrer Friedhöfe als Baumaterial genutzt, die ab dem 19. Jahrhundert bei Häuserabrissen zum Teil als Überreste oder auch vollständige erhaltene Steine wieder auftauchten.

Auch wenn das Bürgertum einen erstaunlichen Aufstieg hinlegte, gab es doch noch immer Privilegien, die vor allem dem Adel zustanden. Totenschilder etwa. Also Schilder, auf denen sich das Wappen, der Name, das Alter und das Sterbedatum der Verblichenen fanden. Sie wurden entweder über dem Grab angebracht oder in Kirchen gehängt und stellten eine Art dauerhafte und recht extrovertierte Todesanzeige dar, durch welche die Erinnerung an den Verstorbenen weiter gepflegt werden sollte. Im 12. Jahrhundert kam diese Art von posthumer Würdigung auf und erlebte ab dem 14. Jahrhundert ihre Blütezeit. Um Anspruch auf ein Totenschild zu haben, mussten zwingend zwei Dinge erfüllt sein: die Person hatte männlich zu sein und tot — wobei in Ausnahmefällen in der Inschrift für den Verstorbenen immerhin erwähnt wurde, dass der Verstorbene eine Frau hatte. Dass die unteren Schichten niemals eine solche Würdigung erhalten würden und selbst wohlhabende Kaufleute fast nie berücksichtigt wurden, gehörte für den Adel zu den Selbstverständlichkeiten, über die nicht diskutiert werden muss. Womöglich sind alle im Tod gleich, aber nicht in der Art, wie sie im Tod betrauert werden. Im 14. Jahrhundert entwickelte sich das Totenschild immer mehr zu einem etwas morbiden Statussymbol und so gab es bald neben den traditionellen Dreiecksschildern auch Rundschilder, die immer ausgefallener und größer wurden. In dem Maße, in dem diese Protzerei zunahm, nahm auch das Missfallen und wohl auch der Neid jener zu, die sich auf dieses Wettrüsten in der Ahnenverehrung nicht einlassen wollten oder konnten. Endgültig zu weit trieb es ein Nürnberger Würdenträger (oder eher seine Hinterbliebenen), der 1457 starb und auf seinem Rundschild posthum mit einer Krone abgebildet wurde. Die Empörung darüber ging so weit, dass die Krone nachträglich entfernt werden musste. Es waren Vorfälle wie dieser, die schließlich im Jahr 1495/1496 zum Verbot solcher Totenschild- Exzesse führten. Seitdem hielten die Kirchen Muster-Totenschilde bereit, die aufzeigten, was erlaubt ist und was nicht. Mittelalterliche Geistliche hatten damit auf gewisse Weise den berühmten Max Mustermann ins Leben gerufen, der uns noch heute in Ausweispapieren begegnet.

Es sollte nicht überraschen, dass ein Zeitalter, das mit Jesus im Zeichen eines gekreuzigten Mannes stand, den Themen Tod, Bestattung und Jenseits eine herausragende Bedeutung beimaß. Viele Gemälde beschäftigen sich mit dem Jüngsten Gericht, wobei sich die Auftraggeber oft in einer erstaunlichen Mischung aus Demut und Narzissmus selbst in tragender Rolle ins Geschehen hineinversetzen ließen. In der Ausstellung gibt es auch die Grabfigur von Heinrich III. von Sayn, der Mitte des 13. Jahrhunderts starb und zu Lebzeiten zwar ein mächtiger Mann war, seinen Nachruhm aber vor allem der Tatsache zu verdanken hat, Hand in Hand mit seiner Tochter auf seiner Grabfigur abgebildet zu sein. Was es zum ältesten Grab im deutschen Sprachraum macht, auf dem ein Vater gemeinsam mit seinem Kind – das in diesem Fall nur kurz nach ihm starb – zu sehen ist.

Was auf fast keinem Grabstein fehlte, waren Kreuze und auch die Ausstellung kann mit einer beeindruckenden Zahl davon aufwarten. Auch an Reliquien und deren Verehrung mangelte es nicht, was durchaus Sinn ergibt, da sich auch kein anderes Zeitalter mit so viel Eifer in die Verehrung von Heiligen stürzte. Dabei versuchte sich die katholische Kirche als Institution sogar daran, diesen etwas morbiden Handel zu unterbinden, zu dessen beliebter Ware nicht nur Kleidung, Schuhe oder Schriftstücke gehörten, sondern eben auch Haare, Zehen und Knochen. Doch alle Warnungen halfen nichts, was zum einen an den hohen Gewinnen lag, die eine wertvolle Reliquie einbringen konnte, und zum anderen an den Kirchenmännern selbst. Viele der Händler waren Mönche oder sonst wie Teil der Kirchenhierarchie, was naheliegend ist, da sie auf diese Weise über die besten Verbindungen verfügten und zugleich für die angebliche Echtheit einer Reliquie einstehen konnten. Die von Kirchenkritikern oft spöttisch angeführten Hinweise, dass allein mit den angeblichen Splittern des Kreuzes ganze Wälder aufgeforstet werden könnten, stehen übrigens nicht im Widerspruch zur katholischen Reliquienlogik. Irgendein kluger Gottes- und noch klügerer Geschäftsmann führte nämlich als erster die Berührungsreliquien ein. Bei dieser reichte es, dass ein Stück Holz das Kreuz Jesu berührt hatte, um dessen Heiligkeit aufzunehmen. Heiligkeit durch Ansteckung sozusagen.

Eines der überraschendsten Ausstellungsstücke entstand Ende des 14. Jahrhunderts und zeigt Maria mit Jesus. Wobei dieses Motiv an sich nicht ungewöhnlich ist, wohl aber, wie es dargestellt wird. Das Kleid der Gottesmutter ist auf Brusthöhe heruntergelassen, damit Jesus an der Brust saugen kann. Die Darstellung einer stillenden Maria mit entblößter Brust also. Ein Anblick, der im körperfeindlichen Mittelalter erstaunt. Körperlichkeit und vor allem Sexualität galten als Sündenpfuhl, der den Menschen schwer belastet. Zu jenen Menschen, die das störte, gehörte auch ein hochbegabter Wutmönch, der an der Schwelle zwischen Mittelalter und Neuzeit steht. Um etwas mehr über ihn und den Übergang in die Neuzeit zu erfahren, geht es von Nürnberg aus nach Berlin.

14

Neuzeit – Exakte Weltkarten ganz ohne Japan

Ort: Deutsches Historisches Museum in Berlin

Der Weg in die Neuzeit führt über ein Museum, das zwischen dem Berliner Dom, dem Berliner Schloss und der Humboldt-Universität beinahe etwas untergeht. Es geht ins Deutsche Historische Museum. Es ist das älteste Haus auf der Allee *Unter den Linden*, deren Ende das Brandenburger Tor bildet. 1667 träumte der damalige Kurfürst Friedrich Wilhelm erstmals von einem „schönen Zeughaus" und ließ auch schon Entwürfe anfertigen, bevor das ganze Projekt aus Geldmangel abgebrochen wurde. Oder eher unterbrochen, denn fast dreißig Jahre später begannen die Bauarbeiten unter seinem Nachfolger Friedrich III. tatsächlich und verliefen beinahe von Beginn an vollkommen katastrophal. Der ausgewählte Baumeister starb nach wenigen Monaten, sein Nachfolger gab wegen Überarbeitung auf und unter dessen Nachfolger stürzten Teile der Baustelle ein. Erst unter dem vierten Baumeister kam es zu einer gewissen Beruhigung der Lage, da er weder verstarb noch kündigte noch die Baustelle niederriss. Er führte das Projekt stoisch zu Ende und so ver-

© Der/die Autor(en), exklusiv lizenziert an Springer Fachmedien Wiesbaden GmbH, ein Teil von Springer Nature 2023
G. Böss, *Vom Urknall bis zum E-Auto*,
https://doi.org/10.1007/978-3-658-42337-7_14

kündete König Friedrich I., der frühere Kurfürst Friedrich III., im Jahr 1706 den erfolgreichen Abschluss des Projekts, was mindestens eine halbe Lüge war. Zwar stand das Zeughaus jetzt, aber es war nicht nutzbar. Wieder fehlte das Geld, um weiterzumachen. Es dauerte nochmals über zwanzig Jahre, bevor das Gebäude 1729 tatsächlich genutzt werden konnte. Die meiste Zeit seit 1729 diente es als Waffenarsenal der Preußischen Armee, genau genommen fast 150 Jahre lang bis 1876. Danach wurde es zu einer Ruhmeshalle der preußischen Armee und nach dem Ersten Weltkrieg zur Gedenkstätte für gefallene deutsche Soldaten. Hitler hielt hier Reden zum Heldengedenktag und die DDR machte aus dem Gebäude ein Museum für deutsche Geschichte, bevor an dieser Stelle im wiedervereinigten Deutschland 2003 das Deutsche Historische Museum seine Tore öffnete.

In einem deutschen Museum ist das 16. Jahrhundert natürlich das Luther-Jahrhundert. Aber bevor es auch um ihn geht, lohnt sich ein allgemeiner Blick auf die damalige Weltlage. Es ist einiges im Umbruch und es gibt neue Horizonte zu entdecken, im wahrsten Sinne des Wortes. 1492 erreichte Kolumbus Amerika, auch wenn er bis zu seinem Lebensende annahm, in Indien gewesen zu sein. Vasco da Gama umsegelte wiederum 1498 Afrika und erreichte den Indischen Ozean, was ihn zum Entdecker des Seewegs nach Indien machte. Durch diese Entdeckungen ergaben sich neue Handelsrouten, die auch dringend nötig waren, seit die Osmanen 1453 Konstantinopel erobert hatten und als erstes Ausrufezeichen direkt die alten Handelsstraßen zwischen Europa und dem Orient blockierten. Auch Jesus passte sich der neuen Zeit an und hält auf einem Gemälde eine Weltkugel in Händen. In einer Vitrine stellt das Museum außerdem den ersten erhaltenen Globus in Kugelform aus, der 1492 hergestellt wurde. Also eigentlich ist es nur eine Kopie von 1892 … und genau genommen nur ein Foto der Kopie. Wenige Schritte weiter findet sich eine

Weltkarte aus dem 17. Jahrhundert, auf der die Lage der Kontinente und Meere schon erstaunlich genau dargestellt ist – auch wenn es auf ihr keine Spur von Japan gibt.

Das Wort oder Unwort (je nachdem, welcher Konfession man angehört) jener Zeit lautet aber ohne Zweifel: Reformation. Dabei hatte Luther seine Kritik zu Beginn nicht mit dem Ziel formuliert, die Kirche zu spalten. Im Gegenteil sind seine 95. Thesen so etwas wie der zornige Leserbrief eines überzeugten Katholiken. Er prangerte an, dass sich die Kirche vom wahren Glauben entfernt habe und dringend auf den rechten Weg zurückkehren müsse. Der Papst sah das anders und exkommunizierte Luther, der nun umgekehrt der katholischen Kirche absprach, Sünden erlassen zu können. Nur Gott könne solche Entscheidungen treffen. Gute Christenmenschen sollte sich darum im Glauben üben, auf die Gnade hoffe und eifrig in der Bibel lesen, die Luther ihnen gerade freundlicherweise ins Deutsche übersetzt hatte. In vielen Staaten formierte sich im 16. Jahrhundert antikatholischer Widerstand. Schmähbilder zeigten den Papst als Teufel und es dauerte nicht lange, bis auf kompromisslose Rhetorik kompromisslose Gewalt folgte. Protestanten zerstörten Darstellungen biblischer Figuren und christlicher Märtyrer, weil sie darin Götzendienst sahen, während der Fokus ganz auf der Heiligen Schrift liegen sollte. Besonders brutal ging es in den Niederlanden zu, wo die Reformation von Ulrich Zwingli und Johannes Calvin inspiriert wurde, die noch weitaus radikaler auftraten als Luther. Davon zeugen in der Ausstellung auch die Türen eines Altarflügels, auf denen Petrus abgebildet ist. Diese wurden im 15. Jahrhundert von frommen Menschen aus religiösen Gründen gebaut und im 16. Jahrhundert von ebenso frommen Menschen aus ebenso religiösen Gründen zerstört.

Als Reaktion auf die Reformation reformierte sich nun auch die katholische Kirche. Wobei sie offenbar jeden Eindruck vermeiden wollte, unter Druck zu stehen, weswegen das entscheidende Konzil von Trient erstaunliche achtzehn Jahre dauerte – von 1545 bis 1563. Es kam zum Ergebnis, dass die beste Reaktion auf die Reformation eine Gegenreformation wäre, was wiederum ein Synonym für Gewalt war. Spanien, Bayern und Habsburg wurden dabei die engsten Verbündeten des Vatikans, während gleichzeitig eine Art Spezialeinheit gegründet wurde: der Jesuitenorden. Er sollte Politik, Religion und Kultur durchdringen, die protestantische Theologie untergraben und die Leute zurück in den Schoß der katholischen Familie führen. Weil die Spannungen zwischen Protestanten und Katholiken immer mehr zunahmen, wurde 1555 der Augsburger Religionsfrieden geschlossen, laut dem die Bevölkerung den Glauben ihres jeweiligen Herrschers annehmen musste. Doch wirklich befrieden konnte auch diese Regelung den Kontinent nicht. Eine Erklärtafel stellt dazu nüchtern fest: *„In der zweiten Hälfte des 16. Jahrhunderts herrschte in vielen Staaten Europas Bürgerkrieg um Religion".*

In Frankreich tobten Kämpfe, während sich die Jesuiten in Böhmen an einer Rekatholisierung versuchten. Außerdem wollten die Niederländer, die mittlerweile besonders radikale Protestanten waren, nicht länger von den ziemlich katholischen Spaniern beherrscht werden. Es entspannte die Lage auch nicht, dass der erste Lösungsansatz der Spanier darin bestand, zahlreiche niederländische Adelige hinzurichten. Und so taumelte der Kontinent auf den größten Krieg zu, den es in Europa bis dahin gegeben hatte: den Dreißigjährigen Krieg. Er begann als direkte Reaktion auf den Prager Fenstersturz von 1618, bei dem der katholische Regent von Böhmen abgesetzt wurde und drei seiner Vertreter aus siebzehn Metern Höhe in einen Burggraben geworfen wurden. Eine katholische Armee marschierte daraufhin ein und besiegte den neuen protestantischen Herrscher, womit die alten Verhältnisse zunächst wiederhergestellt waren. Danach zog die katholische Allianz nach Norddeutschland, besiegte auch dort die protestantischen

Kräfte und besetzte die eroberten – und bisher re-
formierten – Gebiete bis nach Jütland hinauf. Damit stand
es nach elf Kriegsjahren 2:0 für die Katholiken und der
Kampf schien entschieden. Wie kam es dann aber noch zu
neunzehn weiteren Jahren Tod und Verwüstung?

Bühne frei für Gustav II. Adolf von Schweden, der sich
den ebenso martialischen wie aus der skandinavischen
Fauna nicht herleitbaren Namen *Löwe aus Mitternacht* gab
und von der protestantischen Propaganda zu einem von
Gott auserwählten Befreier verklärt wurde. Auf Gemälden
wirkt er tatsächlich wie ein Jesus Christus mit Schwert in
der Hand. Diese Verklärung gründete in der schieren Ver-
zweiflung der Protestanten. Sie hatten innerhalb weniger
Jahre fast ihr gesamtes Einflussgebiet verloren und es schien
möglich, dass die Reformation damit schon nach einem
knappen Jahrhundert an ihr Ende kommen würde. Im
mitternächtlichen Schweden-Regenten wurde der letzte
starke Fürsprecher gesehen. Um den Protestantismus zu
retten (und, na gut, auch ein bisschen wegen schwedischer
Wirtschaftsinteressen im Ostseebereich), griffen die Skan-
dinavier also in den Krieg ein. Außerdem geschah noch
etwas Erstaunliches: Die Protestanten gewannen das katholische Frankreich als Verbündete. In Paris machte man sich
Sorgen wegen der Erfolge der katholischen Allianz, die vom
Kaiser des Heiligen Römischen Reichs deutscher Nationen
angeführt wurde, mit dem man nicht viel mehr als den gemeinsamen Glauben teilte. Also unterstützte Frankreich
den Löwen aus Mitternacht mit Geld und das Kriegsglück
wendete sich auf die protestantische Seite, weswegen die
Schweden nach einer Reihe beachtlicher Erfolge erst in
Süddeutschland gestoppt werden konnten. Im Grunde passierte danach nicht mehr viel, außer dass Frankreich ab
1635 auch aktiv am Krieg teilnahm, was an der Patt-
situation aber nichts mehr änderte. 1648 kam es schließlich
zum Westfälischen Frieden. Historiker gehen davon aus,
dass Deutschland als Hauptaustragungsort dieses Krieges

etwa ein Drittel seiner Bevölkerung verlor. Man kann die Ereignisse letztlich so zusammenfassen: Zuerst lief es für die Katholiken gut, dann für die Protestanten und dann irgendwann für niemanden mehr – während es für die Zivilbevölkerung die ganze Zeit ziemlich schlecht lief.

Über die sich anschließende Epoche heißt es im Museum *„1650–1740 Staatssouveränität und Vormacht in Europa"* *und verspricht auf den ersten Blick Erholung, denn das „Zeitalter der Glaubenskriege war 1648/49 beendet".* In Wahrheit änderte sich aber fast nichts. Nur weil nicht mehr im Namen des Glaubens gekämpft wurde, heißt das nicht, dass überhaupt nicht mehr gekämpft wurde. Europas Herrscher hatten sich lediglich an das Nebeneinander von katholisch und evangelisch gewöhnt, weswegen es jetzt wieder Fürst gegen Fürst statt Konfession gegen Konfession hieß und genau genommen auffällig oft Frankreich gegen irgendwen. Da gab es den Devolutionskrieg zwischen Frankreich und den südlichen Niederlanden (1667/1668) und kurz darauf den von Frankreich gegen Holland, das damals ein eigenständiges Reich neben den Niederlanden war. Dieser Waffengang dauerte von 1672 bis 1679 und blieb in Erinnerung, weil die Holländer ihr Land durch eine Flutung „retteten". Im pfälzischen Krieg (1688–1697) beanspruchte Frankreich die Pfalz sowie das „gesamte oberrheinische Gebiet" und weite Teile der Erzbistümer Köln und Trier für sich. Weiter ging es mit dem Spanischen Erbfolgekrieg von 1702 bis 1714 (in diese Zeit fällt der Bau des Zeughauses, in dem ich mich gerade befinde), bei dem sich Frankreich den österreichischen Habsburgern und Preußen gegenübersah. Preußens Kurfürst durfte sich als Gegenleistung für diese Unterstützung zum König krönen und ging als „Soldatenkönig" Friedrich I. in die Geschichte ein. (Er ist der Monarch, der das Zeughaus einst vorschnell für eröffnet erklärt hatte. Dreiundzwanzig Jahre, bevor es wirklich so weit war – und damit sechzehn Jahre nach seinem eigenen

Tod 1713.) Preußens Aufstieg löste aber zugleich einen neuen Dauerkonflikt mit den österreichischen Habsburgern über die Vormacht im Reich aus.

1683 standen die Türken vor Wien, was 1529 schon mal der Fall gewesen war, doch wurden sie von einer europäischen Armee unter der Führung Polens zurückgeschlagen – was Europa Polen schlecht dankte, das keine hundert Jahre später zwischen Habsburg, Preußen und Russland aufgeteilt wurde und erst mal zu existieren aufhörte. 1716 kam es auf dem Balkan zum Krieg zwischen den Türken und Habsburgern, 1740 folgte der Erbfolgekrieg um den Habsburger Thron und von 1756 bis 1763 einer zwischen Österreich und Preußen. Neben den Kriegen in Europa gab es auch militärische Auseinandersetzungen in den Überseegebieten und Kolonien, wobei auch dort fast immer Frankreich beteiligt war und zumeist mit England zusammenstieß. Hinzu kamen unzählige Scharmützel, Drohungen und beinahe Kriege. Frieden definierte sich damals schlicht als die Verschnaufpause zwischen zwei Waffengängen.

Doch neben all dem Kanonendonner gab es in Europa noch eine andere Entwicklung. Eine kulturelle Erneuerungsbewegung, die seit dem 17. Jahrhundert an Einfluss gewann: die Aufklärung. Gottfried Wilhelm Leibniz forderte die Gründung wissenschaftlicher Akademien und wurde erster Präsident der „Sozietät der Wissenschaften zu Berlin". Zusätzlich boten Handelsstädte und Universitäten den Aufklärern Wirkungsmöglichkeiten. Das Bürgertum wuchs und mit ihm auch die Bedeutung der Bildung. Plötzlich kamen Franzosen, Russen, Schweden und Engländer nicht mehr mit aufgesetzter Bajonette nach Berlin, sondern mit Mikroskopen, Teleskopen und philosophischen Abhandlungen (wobei auch die Bajonette nicht aus der Mode kamen, das bestimmt nicht).

In jener Epoche leisteten sich die Fürsten auch kostspielige Residenzen mit Irrgärten, Parks, Villen und Wäldern. Auf Gemälden sind sogar Feuerwerke zu sehen. Der Adel ließ es sich

gut gehen und versuchten nicht einmal, Luxus und Ver-
schwendungssucht vor der darbenden Bevölkerung zu ver-
heimlichen. Im Gegenteil. Dass diese öffentliche Zurschau-
stellung von Luxus auf einem Kontinent nicht gut ankam, auf
dem die meisten Menschen permanent vom Tod durch Hunger und Krankheit bedroht waren, folgt einer gewissen Logik.
Von daher ist es nicht verwunderlich, dass es irgendwann
schiefgehen musste. Wie sehr es dann aber schiefging, hätte
sich wohl kaum jemand vorstellen können, womit ich im
Ausstellungsraum zur Französische Revolution ankomme.
1789 wurde in Frankreich die alte Ordnung hinweggefegt.
Sogar der Sonnenkönig wurde aus seinem Mausoleum gezerrt
und der Öffentlichkeit präsentiert, bevor er in einem Massen-
grab mit anderen Adeligen verscharrt wurde. 1792 begannen
dann die Feldzüge, in deren Verlauf Frankreich bis 1799 große
Gebiete Deutschlands eroberte, während es in Frankreich
selbst zum Staatsstreich kam, der Napoleon an die Macht
brachte, für den Krieg offenbar die Antwort auf alle Fragen
der Welt war. Von 1799 bis 1802 sicherte seine Armee die
zuvor eroberten Gebiete und schlug 1805 Großbritannien,
Österreich, Russland, Schweden und Neapel. Oder anders gesagt: alle großen Monarchien Europas. 1806 brach deswegen
das Heilige Römische Reich deutscher Nationen zusammen
und wurde durch den Deutschen Bund ersetzt, im selben Jahr
begann Napoleon einen Wirtschaftskrieg gegen England, in
dem er den Warenverkehr zwischen dem Festland und der
Insel unterbinden wollte. Als Russland sich weigerte, diesen
Boykott mitzutragen, zog Napoleon 1812 mit der sogenannten Großen Armee von mehr als einer halben Million
Mann nach Russland und wurde dort weniger von den Russen als dem russischen Winter vernichtend geschlagen. Beinahe die gesamte Armee verhungerte und erfror, während nur
wenige Tausend zurückkehrten. 1813 verlor Napoleon die
Völkerschlacht bei Leipzig und stand dabei einer ganz ähn-
lichen Allianz gegenüber wie 1805. Nur Neapel hatte die Sei-

ten gewechselt und kämpfte nun mit den Franzosen zusammen, womit die Italiener ein erstaunliches Talent dafür bewiesen, immer auf die falschen Partner zu setzen.

In der Ausstellung gibt es ein pathetisches Ölgemälde des Moments, als die Schlacht entschieden war. Es heißt „Siegesmeldung nach der Schlacht bei Leipzig" und zeigt die Grafen, Kaiser, Zaren und Freiherren der verschiedenen Nationen in sauberster Gardeuniform auf dem Schlachtfeld stehen. Dem Bild ist eine Namensliste derer beigefügt, die diesen historischen Augenblick miteinander teilten und da erstaunt Person 11, zu der es heißt: *Johann Peter Krafft, Maler des Gemäldes*. Damit hat sich ein Bürgerlicher frech dieser Fürstenrunde hinzugesellt, was zeigt, dass die Idee einer gottgewollten Sonderstellung der Monarchen immer weniger akzeptiert wurde. Damit hatte Napoleon den Monarchien einen entscheidenden Stich versetzt, von dem sie sich nie mehr vollständig erholen sollten. Aber noch war seine Ära nicht ganz vorbei. Zwar wurde Napoleon 1814 auf die Mittelmeerinsel Elba verbannt, doch er setzte von dort wieder aufs Festland über und scharrte erneut eine Armee um sich, mit der er aber einer von Großbritannien und Preußen angeführten Koalition vor dem Dorf Waterloo Koalition unterlag, das seitdem als Inbegriff einer vernichtenden Niederlage weltberühmt ist. Zu dieser Schlacht gibt es gleich zwei Gemälde. Das erste ist ein typisches Bild seiner Zeit mit dem Titel „Am Morgen nach der Schlacht bei Waterloo". Zu sehen sind unzählige Verwundete und Sterbende unter einem düsteren Himmel. Zwischen zerstörten Kanonen und verendeten Pferden liegen Standarten und Fahnen auf dem Boden verteilt. Wer noch bei Kräften ist, hebt Gräber aus, um die Toten zu bestatten. Viel interessanter aber ist das andere Gemälde. Auf diesem ist das Schlachtfeld kaum wiederzuerkennen. Nichts erinnert mehr an den blutigen Kampf, der hier stattgefunden hatte. Stattdessen ist eine friedliche Landschaft unter blauem

Himmel zu sehen. Im Vordergrund stehen zwei Männer und eine Frau und studieren eine Landkarte. Sie tragen keine Uniformen, sondern feine Kleidung und sind offenbar auf einem Ausflug. Tatsächlich heißt das Gemälde auch „Touristen besuchen das Schlachtfeld bei Waterloo". Im Erklärtext steht dazu: *„Schon kurz nach dem Kampf im Juni 1815 kamen die ersten Touristen und Souvenirsammler nach Waterloo. Bald erschienen Reiseführer, die reich illustrierte Details zur Schlacht zum Verkauf anboten."*

Und so brach im Schatten der europäischen Kriege recht unbemerkt das Zeitalter des Tourismus an. Napoleon hatte mit seinen Revolutionskriegen die Ideen der Republik in Europa verbreitet und viele Menschen verlangten auch nach seinem Ende weiterhin demokratische Mitbestimmung. Doch die europäischen Großmächte entschieden sich lieber, ihr Heil in der Vergangenheit zu suchen und die Uhren wieder auf die Zeit vor 1789 zurückzustellen. Während die Monarchien also dazu übergingen, demokratische Bewegungen mit harter Hand zu bekämpfen, fiel ihnen nicht auf, dass ihnen längst ein anderer Gegner erwachsen war. Viel gefährlicher noch als Napoleon: die Dampfmaschine! Was es mit dieser auf sich hatte und warum die von ihr angestoßene industrielle Revolution die Welt veränderte, will ich im nächsten Museum erfahren und reise dafür erneut nach Nürnberg.

Ergänzung

Das Zeughaus im Deutschen Historischen Museum ist mittlerweile wegen Renovierungen bis mindestens Ende 2025 geschlossen. Die hier beschriebene Dauerausstellung wird es danach so nicht mehr geben, wodurch dieses Kapitel selbst eine Art belletristisches Museum ist, dass die Erinnerung an eine vergangene (Ausstellungs-)Zeit wachhält.

15

Industrielle Revolution – Das Pferd geht in Rente

Ort: Museum Industriekultur in Nürnberg

Womöglich gibt es keinen besseren Ort, um etwas über die Industrialisierung zu erfahren, als Nürnberg. Hier begann am 07. Dezember 1835 auch für Deutschland das Eisenbahnzeitalter, als sich schnaufend eine Lokomotive mit den nicht sonderlich erdverbundenen Namen *Adler* in das nahe gelegene Fürth aufmachte. Praktisch zeitgleich mit dieser Jungfernfahrt setzten Debatten über Sinn und Unsinn dieser Erfindung ein. Vor allem ging es darum, ob die hohe Geschwindigkeit einer Lokomotive für die Passagiere gesundheitsgefährdend ist. Die *Adler* brachte es immerhin auf atemberaubende 30 Stundenkilometer, was manche Ärzte recht unbestimmt vor „Gehirnerkrankungen" warnen ließ. Auch aus den Kirchen gab es Kritik an dieser neuen Erfindung, in der mancher Pfarrer ein Werkzeug des Satans erkannte, das *„aus der Hölle"* kommt und darum auch jeden Mitreisenden *„geradezu in die Hölle hineinfahren"* lässt. Aber letztlich überwogen die Vorteile der Eisenbahn so deutlich ihre Nachteile, dass bald schon ein immer engmaschigeres Schienennetz das

G. Böss, *Vom Urknall bis zum E-Auto*,
https://doi.org/10.1007/978-3-658-42337-7_15

Land überzog. Keine wirtschaftliche Epoche hat Deutschland und die Welt bisher so grundlegend verändert, wie die der Industrialisierung, die darum zurecht auch industrielle Revolution heißt. Eine Revolution war sie auf jeden Fall und vermutlich die tiefgreifendste, die die Menschheit je erlebt hat.

Im Museum Industriekultur, das im Jahr 1988 gegründet wurde und damit noch relativ jung ist, will ich mehr über diese Zeit erfahren, die hier auf gewisse Weise weiterlebt. Die Ausstellungsfläche befindet sich nämlich in den Hallen einer früheren Fabrik, in der ab 1875 Schrotteisen zu hochwertigem Eisen umgewandelt wurde, bevor dieser Vorgang nicht mehr lukrativ genug war und die Pleite drohte. 1919 wurde darum von Eisen auf Schraubenherstellung umgestellt und auf diese Weise noch bis 1975 weiterproduziert, bevor die Firma ausgerechnet im Jahr des 100-jährigen Jubiläums aufgeben musste. Dreizehn Jahre später eröffnete an gleicher Stelle das Museum die Pforten (genau genommen teilt es sich die Räumlichkeiten mit einem Motorrad- und einem Schulmuseums), wobei ein Großteil der Ausstellung in der früheren Fabrikhalle selbst Platz gefunden hat, deren mächtige Eisenträger noch ein Gefühl dafür vermitteln, dass hier bis vor nicht allzu langer Zeit Arbeiter ihrem Schichtdienst nachgingen.

In Deutschland kam die industrielle Revolution etwas verzögert an und wurde, im wahrsten Sinne des Wortes, aus England geliefert. Die Adler-Lokomotive kam in Einzelteilen von der Insel, bevor sie schließlich in Nürnberg zusammengebaut wurde. Als sie pfeifend und schnaufend ihre erste Reise antrat, begann ein neues Zeitalter, das der Menschheit in nahezu allen Bereichen eine nie gekannte Innovationskraft verlieh und das Leben jedes Einzelnen so stark veränderte, wie kein anderes Ereignis der modernen Geschichte. Wenn man die Ausstellung betritt, geht der Blick von einer Brücke auf die Halle hinunter, während mehrere Schautafeln bahnbrechende Neuerungen der Industrialisierung vorstellen. So

erlebte die Metallindustrie unter anderem durch die Eisen-
gießereien und Maschinenwerke, die für den Aufbau des
Bahnnetzes benötigt wurden, einen enormen Aufstieg. Männer wie August Thyssen oder Alfred Krupp erschufen damals
Stahlimperien, die bis heute überdauert haben – in ihrem
Fall sogar als fusionierter Konzern ThyssenKrupp. Auch andere legendäre Namen der deutschen Wirtschaftsgeschichte
tauchen in dieser Zeit auf. So im Bereich der Elektronik-
industrie Werner von Siemens, der einen bedeutenden Anteil
an der erstaunlich schnellen Elektrifizierung des Landes
hatte. Eigentlich war es nicht möglich, im 19. Jahrhundert
von einer Erfindung in der Elektronik zu erfahren, die Werner von Siemens nicht entweder selbst gemacht hat oder zumindest entscheidend verbesserte. Sei es der elektrische
Zeigertelegraf, der elektrische Generator, das elektrische
Eisenbahnsignal, die elektrische Straßenlaterne oder das
Elektroskop, um nur einige zu nennen. Es sollte niemanden
überraschen, warum er schlicht als *„Begründer der modernen
Elektrotechnik"* gilt. Es versteht sich fast von selbst, dass er
natürlich auch die erste elektrische Straßenbahn der Welt
baute, die 1881 vor den Toren Berlin eingesetzt wurde.

Doch erlebte nicht nur die Schwer- und Elektronik-
industrie eine goldene Zeit. Auch die Hersteller von Spielzeug hatten plötzlich ganz neue Möglichkeiten. Spiel-
sachen wurden jetzt serienmäßig hergestellt, was ihre
Preise drückte und dadurch immer neue Käuferschichten
ansprach. Spielzeug aus Metall eroberte die Kinderzimmer
und die heute völlig vergessene Gebrüder Bing AG aus
Nürnberg stieg Anfang des 20. Jahrhunderts zum größten
Spielwarenfabrikanten der Welt auf – bevor sie während
der Weltwirtschaftskrise 1929 bankrottging. Sie verkaufte
neben Plüschtieren und Brettspielen vor allem mechanische Züge, Schiffe, Autos und Flugzeuge, wobei zum Zeitpunkt ihrer Gründung 1864 sowohl Auto als auch Flugzeug erst noch erfunden werden mussten. Berühmt waren

ihre Modelleisenbahnen, die qualitativ zu den besten auf dem Markt gehörten und noch heute einen hohen Sammlerwert besitzen.

1896 gab es auch im Unterhaltungsbereich eine Neuerung, da in Berlin das erste Kino eröffnete. Noch als Stummfilmeinrichtung, dessen musikalische Begleitung von Musikern vor Ort eingespielt wurde. Allerdings machte der rasende Fortschritt auch vor der Unterhaltungsindustrie nicht halt und so folgte in den 1920er-Jahren mit dem Übergang vom Stumm- zum Tonfilm der bis heute folgenreichste Schritt in der Geschichte dieser Branche. Nicht jeder freute sich darüber, ganz besonders nicht der Verein Internationale Artistenloge und der Verband Deutscher Musiker, die gemeinsam ein atemberaubendes Stück Protestgeschichte zu Papier brachten. Auf ihrem Plakat warnten sie das Publikum eindringlich vor dem Tonfilm und sparten dabei nicht mit Ausrufezeichen, mit Unterstreichungen und fett gedruckten Worten. *„Gegen den Tonfilm!"* hieß es, und *„Achtung! Gefahren des Tonfilms!"*, woraufhin neben allerlei Herabwürdigungen als Kitsch, Einseitigkeit und Verflachung auch die Tonqualität selbst als *„kellerhaft"* kritisiert wurde, die außerdem das Gehör ruiniert. Ohnehin sei diese neue Art von Kino doch nur *„schlecht konserviertes Theater bei erhöhten Preisen!"* Die beiden Lobbygruppen hatten darum drei eindeutige Forderungen an bzw. für das Publikum: *„Fordert gute Stummfilme! Fordert Orchesterbegleitung durch Musiker! Fordert Bühnenschau mit Artisten!"* Zum Abschluss wussten sie auch Rat, was zu tun ist, wenn ein Kino tatsächlich nur noch Tonfilme zeigt: *„Besucht die Varietés!"* Bald sollte sich jedoch herausstellten, dass selbst das zornigste Plakat nicht verhindern konnte, dass die Zuschauer es liebten, sprechende Menschen auf der Leinwand zu sehen, weswegen das Stummfilmzeitalter in kürzester Zeit sein Ende fand.

Die Industrialisierung hat viele visionäre Menschen reich und berühmt gemacht. Gerade in der Automobilbranche tummelten sich mit Carl Benz, Gottlieb Daimler oder Rudolf Diesel, Pioniere, die noch heute mit diesem Fahrzeug verbunden werden. Einer von denen, die das Auto in seinen Anfangsjahren ebenfalls mit Einfallsreichtum und einem gewissen Maß an Besessenheit voranbrachte, hat sich hingegen nicht im kollektiven Gedächtnis festgesetzt. Er hieß Ludwig Maurer und für einen leidenschaftlichen Tüftler wie ihn hätte es wohl keine bessere Zeit zum Leben geben können als die des beginnenden Automobilzeitalters. Schon als Kind war er von allem begeistert, was einen Motor hatte, nur hatte damals fast nichts einen Motor. Ein Zustand, den er nach Kräften zu verändern suchte. Er gründete als junger Mann eine Firma und baute 1898 sein erstes Auto, wodurch er praktisch über Nacht zum Stadtgespräch wurde. Was nicht weiter verwundert, denn wer Anfang des 20. Jahrhunderts mit einem Wagen durch die Stadt fuhr, war damit ganz selbstverständlich das große Thema. Wäre er auf dem Rücken eines T-Rex durch die Altstadt geritten, hätte er kaum mehr Staunen auslösen können als mit seinen regelmäßigen Spritztouren. Immer wieder kam es vor, dass sich staunende Menschenmengen um sein seltsames Fortbewegungsmittel bildeten. Wenn er nicht gerade auf diese Weise zum Stehen gebracht wurde, gab Maurer gerne Gas, wobei ihn die daran entflammte Kritik nicht beeindrucken konnte: *„Ich bin froh, dass meine Wagen so schnell fahren"*, ließ er jene wissen, die ihn zu mehr Rücksicht aufforderten. Außerdem könnte ohnehin nichts passieren, *„da ich mit einem Ruck halten kann"*, versicherte er den Skeptikern. Dass Ludwig Maurer in jener Zeit wohl der schnellste Deutsche war, hatte er sogar schwarz auf weiß, denn er gewann das erste Rennen von Nürnberg nach Würzburg und zurück. Neben seinem Talent als Autobauer, hatte er auch eines als Vermarkter. So ließ er 1899 einen seiner Wagen den steilen Weg zur Kaiserburg in Nürnberg hinauffahren. Ein Weg mit Steigungen von über 20 %, was tatsächlich eine beachtliche Leistung für einen Wagen jener Zeit dar-stellte und darum auch für große Aufmerksamkeit sorgte. Für einen anderen Werbecoup fuhr ein Auto eine Treppe hinauf, was ebenfalls gelang und erneut für Aufsehen sorgte. Solche Querfeldein-Qualitäten hätte man Wagen um das Jahr 1900 herum gemeinhin nicht zugetraut. Trotz all dem wird auch schnell deutlich, dass Autos damals noch ein Hobby weniger wohlhabender Leute war, denn selbst in Spitzenzeiten verließen pro Monat selten mehr als sechzig Wagen die Fabrik von Ludwig Maurer. Zum Vergleich, der VW-Konzern lieferte allein im November 2022 weltweit 670.000 Fahrzeuge aus. Maurer hätte also über 900 Jahre produzieren müssen, um auf einen heutigen VW-Monat zu kommen. Und das, obwohl er ein begnadeter Selbstdar-steller und Bewerber seines motorisierten Produkts war.

Neben den Firmengründen und Pionieren, die während der ersten Phase der Industrialisierung oft zu märchen-haftem Wohlstand kamen, gab es auch Millionen Fabrik-arbeiter, die von diesem Erfolg nichts abbekamen. Eine hier ausgestellte 35 Quadratmeter-Wohnung ist eng und dunkel und besteht aus drei Räumen, von denen nur die Küche im Winter warm war und darum zugleich als Wohnzimmer diente, wo gegessen, gewaschen und gebügelt wurde, wo die Kinder Hausaufgaben machten und spielten und wo auch das wöchentliche Baden in der Zinkwanne stattfand, in dem sich nacheinander alle Familienmitglieder im selben Wasser säuberten. Wenn es an Platz fehlte, wurde die Küche auch als Schlafplatz genutzt und reichte das Familienein-kommen für die oft sechs oder mehr Kinder nicht aus, wur-den bisweilen Fremde als Untermieter in die Wohnung geholt. Das reduzierte nicht nur den Platz weiter, sondern beeinträchtigte auch das Familienleben. Selbst das Schlaf-zimmer blieb oft nicht den Eltern und Kindern vorbehalten, sondern wurde von so genannten „Schlafgängern" den Tag über angemietet. Bei ihnen handelte es sich zumeist

um junge Männer, die Nachtschichten in der Fabrik leisteten und kein Geld für eine eigene Wohnung hatten. Sie
schliefen tagsüber im Bett und die Familienmitglieder in
der Nacht. Erstaunlich ist das letzte der Zimmer, dieser ty-
pischen Arbeiterwohnung Anfang des 20. Jahrhunderts. Es
ist die so genannte „Gute Stube", die fast immer verschlossen blieb. Es musste schon einen besonderen Anlass
geben, etwa Feierlichkeiten oder den Besuch von Freunden,
damit sie geöffnet wurde. Dass sich die Arbeiter einen solchen Raum leisteten, ohne ihn sich eigentlich leisten zu
können, zeigt, was für eine Bedeutung für viele das Gebot
der Gastfreundschaft hatte. Neben den beengten Räumlichkeiten kam oft noch ein Fußweg zur Fabrik von mehr
als 10 Kilometern hinzu, die Männer und Frauen zurücklegten, da beide Elternteile arbeiten mussten. Wobei nicht
wenige diese Strecke mit dem Fahrrad zurücklegten. Es
mag im ersten Moment erstaunen, dass in dieser schorn-
steingeprägten Zeit ausgerechnet ein Verkehrsmittel, das
eben nicht mit Dampf- sondern ganz altmodisch mit
Muskelkraft angetrieben wird, solche Erfolge feierte. Aber
in Wahrheit ist dieser Erfolg eine direkte Konsequenz der
Industrialisierung, da erst durch diese das Rad zum Massen-
produkt werden konnte, das auch für den schmalen und
sehr schmalen Geldbeutel erschwinglich war. Bis in die
1920er-Jahre hinein blieb es das wichtigste Fortbewegungsmittel der Arbeiterschaft. Aber selbst durch diese Unterstützung änderte sich nichts daran, dass ein gewöhnlicher
Tag mit Fabrikarbeit, Haushalt und Kindererziehung selten
weniger als 16 h dauerte und manchmal mehr als 20.

In diesen gesellschaftlichen Schichten kam der Reichtum
nicht an, der mit dem Industriezeitalter einsetzte und doch
brachte die Fabrikarbeit eine Neuerung mit sich: Freizeit.
Immerhin gab es jetzt erstmals eine klare Trennung zwischen Arbeit und Nichtarbeit und ab 1918 eine gesetzlich
verankerte Reduzierung der Wochenarbeitszeit auf maximal

48 Stunden (wobei auch am Samstag gearbeitet wurde), was damals einer Sensation gleichkam. Solche Reformen sorgten für das Aufkommen von Arbeitervereinen, unter denen Gesangs- und Turnvereinen besonders beliebt waren, wo sich die Mitglieder vom Trott der Fabrikarbeit ablenken konnten und auch mal nicht für die Familie da sein mussten.

Die Industrielle Revolution brachte aber noch eine andere Veränderung mit sich, die so umfassend war, dass sie uns heute nicht mehr auffällt. Sie – und später die Luftangriffe des Zweiten Weltkriegs – hat das Aussehen der Städte grundlegend geändert. Wo bis dahin oft noch mittelalterliche Bauten dominierten, schossen um die nun überall entstehenden Fabriken herum neue Wohnquartiere aus dem Boden, die wiederum mit der Stadt verbunden werden mussten. Im 19. Jahrhundert erlebten die Städte dadurch eine bislang nicht gekannte Bevölkerungsexplosion. Von 1871 bis 1911 erhöhte sich beispielsweise die Einwohnerzahl von Paris um 156 % von 1,8 auf 2,8 Millionen, die von London um 186 % von 3,3 auf 7,1 Millionen und die von New York sogar um 532 % von 940.000 Menschen auf 4 Millionen. Für Deutschland sahen die Zahlen kaum anders aus. Berlin wuchs um 316 % von 913.000 Einwohnern auf 3,8 Millionen, Hamburg um 416 % von 340.000 auf eine Million und Frankfurt um 456 % von 90.000 auf 410.000. Viele Städte rissen mittelalterliche Stadtmauern ein, um das Platzproblem in den Griff zu bekommen, andere bebauten frühere Parkanlagen oder veränderten durch sonstige Eingriffe das historische Aussehen und alle hatten zugleich noch ein ganz anderes und gefährlicheres Problem zu lösen. Mit der großen Zahl an Menschen auf so engem Raum und den zumeist mangelhaften hygienischen Bedingungen, brachen immer wieder Seuchen aus. Da mittlerweile die Wechselwirkung von Hygiene und Seuchen bekannt war, entstanden jetzt überall moderne Kanalisationen, ohne die es Großstädte schlicht nicht geben könnten.

Wien war seiner Zeit bemerkenswert weit voraus und verfügte schon seit 1739 über eine Kanalisation, doch danach dauerte es mehr als hundert Jahre, bevor mit London die nächste Stadt nachzog. In Deutschland ging es ebenfalls Mitte des 19. Jahrhunderts los. Hamburg und Berlin errichteten ihre Kanalisationen beide 1856, Frankfurt 1867 und München kurz vor der Jahrhundertwende. Im Laufe des 19. Jahrhunderts folgten nach und nach auch die anderen Städte und heute sind 97 % aller Häuser mit dem Kanalisationssystem verbunden.

Die Industrialisierung hat die Menschheit mit Wucht in die Moderne katapultiert, ob sie wollte oder nicht. Es ist kaum möglich, zu begreifen, wie fundamental der Wandel in jener Zeit war, wie sehr er jeden Bereich des privaten und öffentlichen Lebens, der Wirtschaft, Kultur und Politik berührt hat. Stellen wir uns mal vor, dass eine fiktive Marie Breier im Jahr 1800 in Berlin geboren wurde und im Jahr 1900 gestorben ist. In ihrem Leben hat sie unter anderem folgende Neuerungen erlebt: Telegraf, Telefon, Konservendose, Tageszeitung, Straßenbeleuchtung, Straßenbahn, Auto, Wolkenkratzer, Kanalisation, Eisenbahn, Dampfschiff und Anästhetikum. Außerdem entstand der Sozialismus, die Monarchien verloren an Macht und die Evolutionstheorie empörte die Kirchen. Die Welt, in der Marie Breier dann im Jahr 1900 gestorben ist, hatte mit der aus ihrem Geburtsjahr kaum noch etwas gemein – was übrigens auch auf ihre Heimatstadt Berlin zutraf, die am Tag ihrer Geburt 170.000 Einwohner zählte und 100 Jahre später 2,7 Millionen.

Die Industrialisierung entfaltete eine Kraft, der nichts widerstehen konnte und brachte Elend und Zerstörung mit sich, fegte ganze Gesellschaftssysteme hinweg und trug doch mittelfristig zur hohen Lebensqualität bei, die mittlerweile in immer mehr Teilen der Welt erreicht worden ist. Auch stand nun endgültig fest, dass Seuchen keine göttlichen Strafen sind, sondern durch Körperpflege und eine funktionierende Kanalisation effektiv verhindert werden können. Es ist überhaupt eine interessante Frage, was die Menschen früher über die Bedeutung von Sauberkeit und die Abläufe im eigenen Körper wussten. Um darüber mehr zu erfahren, reise ich als nächstes nach Dresden ins Deutsche Hygiene Museum.

16

Medizin – Bitte Hände waschen

Ort: Deutsches Hygiene-Museum Dresden

Frisch rasiert, geduscht und auch ansonsten körpergepflegt, geht es ins Hygienemuseum. Vor dessen Eingang steht eine Athletenstatur mit Ball in der Hand, deren einst schwarze Haut längst von grünem Rost überzogen ist.

Es dauerte erstaunlich lange, bevor die Menschheit anfing, die Bedeutung von Hygiene Sauberkeit, Körperpflege und Ernährung zu begreifen. Wobei ihr zugutegehalten werden muss, dass viele dieser Phänomene ohne Mikroskop nicht bemerkt werden können und die ersten davon gab es erst im 17. Jahrhundert. Seitdem ist es überhaupt möglich, Viren und Bakterien zu entdecken. Wie soll man auch sonst auf die eigenartige Idee kommen, es könnte Lebensformen geben, die für das Auge zwar unsichtbar sind, die uns aber dennoch überallhin begleiten und umgeben, die uns helfen, uns schaden und mit uns und wegen uns existieren und umgekehrt. Auch kein heiliges Buch deutet je die Existenz dieser Winzlinge an. Der Pionier auf diesem Gebiet hieß Antoni van Leeuwenhoek. Er kam aus den Niederlanden,

© Der/die Autor(en), exklusiv lizenziert an Springer Fachmedien Wiesbaden GmbH, ein Teil von Springer Nature 2023
G. Böss, *Vom Urknall bis zum E-Auto*,
https://doi.org/10.1007/978-3-658-42337-7_16

wurde 1632 geboren und verstarb 1723. Er war der Kolumbus der kleinen Dinge, denn er entdeckte fremde Welten und musste dafür nicht mal sein Arbeitszimmer verlassen. Welten, die unendlich viel älter sind als unsere und von Wesen bewohnt werden, die schon viel länger auf diesem Planeten existieren als wir. Anstelle von Inseln und Ländern stieß van Leeuwenhoek auf Protozoen und Spermatozoen und veränderte damit die Sicht der Menschen auf sich und die Natur grundlegend. Erstaunlich ist dabei, dass nichts an seiner Biografie eine solche Laufbahn erwarten ließ. Weder verfügte er über eine medizinische noch eine technische Ausbildung. Stattdessen war er gelernter Tuchhändler und schließlich Beamter in seiner Heimatstadt Delft. Seine Mikroskope baute er als Autodidakt selbst und erreichte damit eine solche Meisterschaft, dass er am Ende des 17. Jahrhunderts als bedeutendster Mikroskopiker der Welt galt, was ihm aber nicht schwergefallen sein dürfte, da er im Grunde auch der einzige war. Wer sonst ein Mikroskop hatte, und das hatte fast niemand, nutzte es nur zum Zeitvertreib und versuchte sich nicht an ernsthafter Forschung.

In die Reihe derer, die sich Verdienste um die Bedeutung der Hygiene erworben haben, gehört auch Karl August Lingner. Was vor mir schon andere bemerkt haben, weswegen der Platz vor dem Hygiene-Museum in Dresden Lingnerplatz heißt. Lingner wurde mit etwas reich, was wohl wie kaum etwas anderes dafür sorgte, dass erste Dates nicht mit zugehaltener Nase durchlitten werden müssen: Odol Mundwasser. Geboren wurde der so genannte „Odol-König" 1861 und scheiterte in den ersten Jahren seines Erwachsenenlebens konsequent mit jeder seiner Aktivitäten. Auch ein Umzug nach Paris endete mit geplatzten Träumen und völliger Mittellosigkeit. Alles änderte sich aber, als er sich zunehmend für das Thema Hygiene interessierte und in diesem Rahmen sein berühmtes Produkt auf den Markt brachte. Es machte ihn wohlhabend und einflussreich.

Gute Voraussetzungen, um die Themen Gesundheit und Hygiene in der Bevölkerung bekanntzumachen. 1900 gründete er eine Zentralstelle für Zahnhygiene, 1901 eine „Desinfections-Anstalt" und 1902 eine Lesehalle, in der sich die Besucher über Fragen zum Thema Hygiene informieren konnten. Wiederum nur ein Jahr später folgte die erste Ausstellung „Volkskrankheiten und ihre Bekämpfung." Nachdem 1911 die „1. Internationale Hygiene-Ausstellung" mit über drei Millionen verkauften Tickets erstaunlich gut besucht war, machte der Mitorganisator Lingner den Reingewinn zum Gründungskapital für ein Hygienemuseum. Dieses wurde 1912 eröffnet. Danach passierten mehrere Dinge in kurzer Zeit, die das Museum um ein Haar (Menschen haben, laut dem Hygiene-Museum, übrigens im Schnitt 25.000 Körperhaare und 100.000 Kopfhaare) ruiniert hätten. 1914 brach der Erste Weltkrieg aus, 1916 starb Karl August Lingner völlig unerwartet und während der Inflationskrise in der Weimarer Republik ging auch noch das Stiftungsvermögen verloren.

Trotz dieser brutalen Tiefschläge gelang es aber, das Museum zu retten. Was vor allem durch Wanderausstellungen und die Anfertigung von Anschauungsobjekten auf Bestellung gelang. 1930 kam es schließlich zu Eröffnung am noch heute genutzten Standort, wobei Wanderausstellungen weiterhin zum Konzept gehörten. Auf dem Museumsbus stand dabei als Zielort: Gesundheit. Während der Nazizeit belieferte das Museum das NS-Regime mit den passenden „wissenschaftlichen" Fakten und Argumenten zu Rassengesetzen, Herrenrasse, Untermenschen und der Pflicht, „lebensunwertes Leben" zu vernichten. Ohne Umschweife heißt es dazu auf einer Texttafel: *„Das Museum hat sich vor 1945 das Denken der Rassenhygiene in vollem Umfang zu eigen gemacht."* In den DDR-Jahren wurde der Museumsauftrag um einen Bereich erweitert, der nicht unbedingt naheliegend ist: *„Aufklärung gegenüber* *tendenziöser Propaganda von Kräften, die das Vertrauen zu unserem Staat zu mindern suchen.* "

Wie lange die Menschheit von den meisten Dingen keine Ahnung hatte, die mit dem Körper und der Gesundheit zu tun haben, macht ein Verweis auf Leonardo da Vinci deutlich. Er gilt als erster Mensch, der anatomische Zeichnungen von einem Ungeborenen im Mutterleib anfertigte und das war Ende des 15. Jahrhunderts. Etwa zu der Zeit, zu der Kolumbus in See stach und die folgenreichste Irrfahrt der Geschichte antrat. Seit dem 16. Jahrhundert sind erste Quellen überliefert, die auf eine Erforschung der Schwangerschaft hinweisen und noch einmal zweihundert Jahre später hatte sich durchgesetzt, dass der Embryo verschiedene Entwicklungsstadien durchmacht. Erst das 20. Jahrhundert brachte in diesem medizinischen Bereich eine Revolution nach der anderen hervor. Kondome, Pillen und der Ultraschall veränderten alle auf ihre Weise die Art, wie über Sexualität und Schwangerschaft gedacht wurde und lösten gesellschaftliche Umbrüche aus, die bis dahin nicht vorstellbar waren. Zunehmend wurde Sex zur berühmten „schönsten Nebensache der Welt", während sie zuvor über lange Zeit mit religiös begründeten Tabus belegt war und sich möglichst auf die Zeugung von Nachwuchs reduzieren sollte. Wie lange die Schwangerschaft noch ein hochemotionales Thema war, machte ein Magazincover aus dem Jahr 1991 deutlich. Darauf ist die hochschwangere Demi Moore abgebildet, was einen Skandal auslöste. Das Hygienemuseum zeigt aber noch ein anderes Magazincover, das eigentlich noch beeindruckender ist, weil ohne zeithistorische Einordnung kaum noch jemand den Skandal erkennen könnte. Zu sehen ist eine junge Frau in schwarzem Pullover, die fast schüchtern an einer Wand steht und die Hände um ihren leicht gewölbten Bauch gelegt hat. *„Mein Kind kommt"* heißt dazu die Fotounterschrift. Nichts an diesem Foto scheint provokant und doch galt dieses

Foto, das im Jahr 1960 für das Magazin *Twen* entstand, als „obszön" und wurde heftig kritisiert. Dass die Menschheit im Umgang mit Schwangerschaften schon mal weiter war, zeigt ein Blick in die entfernte Vergangenheit. Auf Steinskulpturen von fast 30.000 Jahren sind Schwangere in prüderiefreier Direktheit und völlig nackt zu sehen. Demi Moor war also keine Pionierin, sondern wiederholt etwas, was schon vor dreißig Jahrhunderten gemacht wurde.

Lingner hatte sich auch stark mit dem Bereich Schwangerschaft und Säuglingssterblichkeit beschäftigt. Wobei er insgesamt ein ziemlich umtriebiger Macher war. Ein reicher und extrovertierter Mann, den die einen für ein Genie hielten und die anderen für einen Scharlatan. Das Hygienemuseum hat sich in dieser Angelegenheit, wenig überraschend, eindeutig festgelegt und so ist er „*Odolfabrikant, Werbegenie, Multimillionär, Volksaufklärer, Kunstliebhaber, Museumsgründer*" und noch dazu ein „*überzeugter Dresdner.*" Er war außerdem einer der reichsten Bürger des Deutschen Reichs und wenn es in Deutschland eine Variante des amerikanischen „Vom Tellerwäscher zum Millionär" geben würde, es hätte auf ihn zugetroffen. Geboren in einer armen Familie in einem Elendsviertel von Magdeburg, kämpfte er sich mit Ehrgeiz, Durchhaltewillen, Glück und einem erstaunlichen Verkaufssinn die soziale Leiter hinauf, bis er sich irgendwann ganze Schlösser zulegen konnte und ein umfangreiches philanthropisches Netz finanzierte. Grundstein seines Reichtums war das Mundwasser Odol, das er – wider aller Behauptungen – zwar nicht erfand, aber so erfolgreich vermarktet hat, dass ihm der Ruhm des Pioniers dennoch berechtigterweise zusteht. Trotzdem kamen die Rezeptur und Idee ursprünglich von einem befreundeten Chemiker mit Namen Richard Seifert. Lingner begriff, dass die Zeit reif war für ein Mundwasser und bewies mit dem elegant geschwungenen Hals der Odolflasche sein Gespür für Ästhetik. Er bemühte sich sogar um die Verbreitung des Adjektivs odolisieren.

Mit dem Geld, das er verdiente, ging Lingner seiner großen Leidenschaft nach. Der Volksaufklärung über Gesundheit, Hygiene und den Körper. So ermöglichte er schon lange vor dem Bau eines Museums Ausstellungen, in denen Menschen durch Mikroskope schauen konnten, um Welten zu sehen, die dem bloßen Auge unbekannt bleiben. Im Grunde war in der Bevölkerung damals kaum etwas über gesundheitliche Themen bekannt und so klangen Lingners Ziele zu Anfang auch geradezu bescheiden, wenn man sie von heute aus betrachtet. Er wäre schon zufrieden, wenn die Menschen nach dem Besuch den Irrglauben aufgeben würden, *„es gäbe überhaupt keine Bakterien."* Er setzte dabei auch auf die schockierende Konfrontation mit den Folgen von Krankheiten. So konnten Besucher sich informieren, wie die Tuberkulose in den Lungen und in anderen Körperteilen wütet, wie die Pocken den Menschen zerstören, wie sich Geschlechtskrankheiten verbreiten oder Typhus den Darm mit Geschwüren bedeckt. Für so manchen, der zuvor oft nichts oder kaum etwas von Bakterien gehört hatte, dürfte der Besuch in dieser Ausstellung geradezu traumatisierend gewesen sein. Wobei diese Form der Aufklärung dringend notwendig war, wie allein schon der Blick auf die Säuglingssterblichkeit jener Zeit klarmacht. Jährlich starben damals im Kaiserreich 400.000 Säuglinge (Heute sind es pro Jahr weniger als 2500), von denen viele bei einer besseren medizinischen Versorgung hätten gerettet werden können.

Lingner konnte sich der Aufklärungsarbeit aber nicht so lange widmen, wie gehofft, da er nur 54 Jahre alt wurde. Als makabre Ironie starb der Odol-König ausgerechnet an Zungenkrebs, also einer Krankheit im Mund. In einem letzten Brief vor seinem Tod will er es sich zwar mit Gott nicht verscherzen, lässt aber durchblicken, nicht glücklich über die zu frühe Abberufung von dieser Erde zu sein. Darum schloss er mit den durchaus kritisch deutbaren Worten: *„Viel zu schaffen hatte ich mir noch vorgenommen. Dein Wille geschehe.*"

Das Museum ist in sieben Themenbereiche aufgeteilt, wobei einen gleich im ersten das Logo des Museums ungeniert anstarrt: ein überlebensgroßes Auge. Dieses Motiv geht auf eine Vision von Karl August Lingner zurück, nachdem ihn zuvor 552 Motivvorschläge allesamt nicht überzeugen konnten. Die Vision kam darum nicht nur gerade recht, sondern war auch ziemlich schnörkellos: *„Ich sah ein großes Auge am Sternenhimmel schweben und auf die Erde herabsehen.*" Also wurde es ein großes Auge. Im Ausstellungsbereich „Gläserner Mensch" gibt es auch einen Verdauungstrakt, dessen Funktion und Tätigkeit auf eine Weise dargestellt wird, als handelt es sich um einen Arbeiter- und Bauernstaat. Fleißige Proletarier mit Spitzhacken und Werkzeug rühren im Verdauungsapparat herum und sind dabei in eine Kluft gekleidet, als würden sie gleich noch an einer Demonstration mit roten Fahnen teilnehmen. An einer späteren Stelle im Museum gibt es eine moderne Version davon, die zwar die Verdauung nicht wesentlich genauer, dafür aber weniger fantasievoll darstellt. In dieser sind die Arbeiter offenbar wegrationalisiert worden, da der Blick in den menschlichen Körper jetzt der in eine etwas umständlich eingerichtete Fabrik ist. Die anderen sechs Themenräume befassen sich mit *„Leben und Sterben"*, mit *„Essen und Trinken"*, mit *„Sexualität"*, mit *„Erinnern – Denken – Lernen"*, mit *„Bewegung"* und mit *„Schönheit – Haut und Haar"*.

Wobei ein Blick auf die durchschnittliche Lebenserwartung zeigt, wie sehr sich die Gesellschaft in den letzten hundert Jahren seit Eröffnung des Museums verändert hat. Noch im 19. Jahrhundert kamen Frauen auf 38,4 Jahre und Männer auf 35,6 Jahre und unterschieden sich damit nicht dramatisch von den 25 bis 35 Jahren, die Menschen laut archäologischer Funde schon in der Urzeit erreichten. Mittlerweile haben Frauen hingegen eine Lebenserwartung von 83 Jahren und Männer von 78 Jahren. Was bedeutet, dass unsere Zeit die erfreuliche Ausnahme von der Regel ist und hoffentlich eine Ära einläutet, in der sich Ausnahme und Regel grundsätzlich umkehren. Diese Entwicklungen bauen auch auf den Fortschritten und Entdeckungen des 19. Jahrhunderts auf, wobei die Feststellung nur ein wenig übertrieben ist, dass die Medizingeschichte in zwei Teile zerfällt: in die gesamte Zeit, die es unsere Spezies schon gibt, einerseits und andererseits die letzten 150 Jahre. Noch zu Beginn des 19. Jahrhunderts gab es praktisch keine Medizin im modernen Sinne (wobei immerhin schon einige Impfstoffe entdeckt waren). Um zu verdeutlichen, wie deprimierend wenige Optionen Ärzte noch vor gar nicht allzu langer Zeit hatten, folgt hier eine unvollständige Liste der Dinge, über die vor dem Jahr 1850 kaum etwas oder überhaupt nichts bekannt war: Hormone, Vitamine, Anästhesie, Krebs, steriles(!) Operationsbesteck, Desinfektionsmittel, Antibiotika, Penicillin, Antibiotika, Pathologie, Immunologie, Radiologie, Genetik und Virologie. Ein Blick auf diese Errungenschaften, die uns heute selbstverständlich erscheinen, es aber vor kaum 200 Jahren nicht waren, erklärt auch die enorm gestiegene Lebenserwartung.

Was auf jeden Fall intensiv im Museum lebt und laut ist und herumrennt, sind Schulklassen. Als ich mich durch die sieben Themenbereiche arbeite, ist mir eine 8. Klasse auf den Fersen. Egal, wo ich gerade bin, schnell ist ein pickeliger Junge oder ein Mädchen mit Zahnspange neben mir und kommentiert für andere Mitschüler das eine oder andere Exponat. Sie lassen sich einfach nicht abschütteln. Ich betrachte einen Blinddarm in vierfacher Vergrößerung, sie neben mir einen Inneren Dickdarm in *„20- bis 25-facher Vergrößerung"*. Ich betrachte einen winzigen Embryo von fünf Wochen, neben mir wird aufgeregt über einen von 8 Wochen gestaunt. Ich lese die Liste von Alterskrankheiten und neben mir fällt einem Schüler dazu eine wenig schmeichelhafte Anekdote über die Krampfadern seiner Oma ein, die er mit viel Begeisterung und doch recht konfus erzählt. So geht das von Exponat zu Exponat weiter. Ich schaue die Fahrt mit einer Miniaturkamera durch den Körper und hinter mir erklingen „Wie eklig"-Rufe, die das Interesse am Video aber offenbar nur fördern, da nach diesem Ausruf mit angewiderter und doch aufrichtiger Neugierde beobachtet wird, was sich da gerade durch den Körper arbeitet. Wenn es sich dabei nicht gerade um eine winzige Kamera handelt, sind das im Verlaufe eines Lebens im Schnitt 8,5 Tonnen Obst, 7,5 Tonnen Gemüse, 7,5 Tonnen Getreide, 7,3 Tonnen Milch und Co., 5 Tonnen Kartoffeln, 4 Tonnen Schwein, 3,3 Tonnen Zucker, 2 Tonnen an Ölen und Fetten, 1,8 Tonnen Käse, 1,5 Tonnen Geflügel, 1 Tonne Rind und ebenso 1 Tonne Fisch sowie 16.818 Eier und zum besseren runterschlucken kommen noch 52.000 Liter Wasser dazu. Ziemlich viel für ein Leben, das durchschnittlich 30.295 (Frauen) beziehungsweise 28.470 (Männer) Tage dauert und in dieser Zeit etwa dreißig Tonnen Nahrungsmittel „verstoffwechselt". Und wohl auch tatsächlich zu viel, wie eine Infotafel erklärt, laut der in der westlichen Welt mehr als die Hälfte der Menschen zu dick sind. Neben mir betrachten drei Schüler ein McDonalds-kritisches Plakat, das ungesunder Ernährung eine Hauptschuld an diesem Übergewicht gibt. Wobei die Reaktion der Achtklässler wohl nicht die ist, die sich das Museum erhofft hatte. Inspiriert von diesem Anblick, entscheiden sie jedenfalls, nachher zu McDonalds zu gehen. Ich wiederum mache mir langsam Sorgen, ob ich überhaupt noch dazu komme, irgendetwas hier in Ruhe anzuschauen, als mich die Reihenfolgen der Ausstellungsbereiche erlöst. Im nächsten Raum geht es um Sexualität.

Sehr gut. Hier werden die Achtklässler hängenbleiben. Ich hingegen überspringe diesen Bereich zuerst und schaue mir erst einmal die danach noch folgenden Themenkomplexe *„Erinnern – Denken – Lernen"*, *„Bewegung"* und schließlich *„Schönheit – Haut und Haar"* an, und tatsächlich hält sich die pubertierende Truppe auffällig lange in diesem einen Themenbereich auf. Als sie schließlich weiterzieht, kehre ich wiederum in den von ihr so lange frequentierten Bereich zurück und so gehen wir uns auf elegante Weise doch noch aus dem Weg.

An einer Stelle wagt sich das Museum weit aus dem Fenster und versteigt sich zur intergalaktischen Lobhudelei auf unser Gehirn, wenn es schreibt: *„Das menschliche Gehirn ist die wohl komplizierteste Struktur im Universum."* Dafür, dass wir bisher gerade mal ein paar Fußabdrücke auf unserem eigenen Mond hinterlassen haben und das Universum drumherum doch noch ein paar mehr Sterne und Planeten zu bieten hat (ihre Zahl wird auf irgendwas zwischen 70 und 700 Trilliarden geschätzt, wobei die Forscher gerne zugeben, dass es noch viel mehr sein könnten), eine sehr selbstbewusste Aussage. Allerdings steht zweifellos fest, dass es sich um einen ziemlich erstaunlichen Denkapparat handelt, durch dessen Innovationskraft sich die Menschheit immer weiterentwickelt hat. Dadurch kam sie auch an einen Ort, der für flugunfähige Tiere eigentlich unmöglich zu erreichen sein sollte: den Himmel. Wie, wann und wo die Eroberung dieses Elements gelang, soll Thema des nächsten Kapitels sein. Dafür geht es aus Dresden nach Berlin.

17

Fliegen – Flugunfähige Säugetiere in 12.000 Metern Höhe

Ort: Deutsches Technikmuseum in Berlin

Es gibt wenige Träume, auf die sich die gesamte Menschheit bei einer Vollversammlung einigen könnte. Zu diesen wenigen dürfte aber zweifellos der Traum vom Fliegen gehören. Ein Traum, der sich mittlerweile erfüllt hat. Niemand schaut mehr mit offenem Mund zum Himmel, wenn er dort oben ein Flugzeug erblickt und auch in der Maschine selbst staunt niemand mehr über das Wunder, das ihm da gerade widerfährt. Stattdessen wird sich darüber geärgert, dass die Stewardess nur noch Cola Light statt echter Cola im Angebot hat. Was wiederum zeigt, wie sicher das Fliegen mittlerweile geworden ist. Die Pioniere vor nicht mal 150 Jahren waren jedenfalls noch ganz damit beschäftigt, nicht wegen einer unerwarteten Windböe in den Tod zu stürzen, da blieb keine Zeit, um sich über limitierte Getränkekarten oder sonst etwas aufzuregen. Aber wie und wann kam es eigentlich dazu, dass unsere Spezies den Himmel eroberte? Das will ich im Technikmuseum Berlin erfahren. Es steht in der Nähe des Potsdamer Platzes und kann nur schwer über-

© Der/die Autor(en), exklusiv lizenziert an Springer Fachmedien Wiesbaden GmbH, ein Teil von Springer Nature 2023
G. Böss, *Vom Urknall bis zum E-Auto*,
https://doi.org/10.1007/978-3-658-42337-7_17

sehen werden. Einfach nach dem Gebäude Ausschau halten, über dessen Geländer ein Rosinenbomber hängt. So viele dürfte es davon nicht geben.

Seine Architektur unterscheidet sich massiv von der vieler Naturkundemuseen, die oft in herrschaftlichen Bauten des 19. Jahrhunderts untergebracht sind. Hier wirkt hingegen alles, als habe es ein Tüftler aus Einzelteilen gefertigt, die nicht wirklich zusammenpassen. Vor Fensterfronten nehmen Eisenkonstruktionen die Sicht, Stahlträger schweben wie Enterbrücken in der Luft und schwere Silos auf dem Dach erinnern an Schornsteine. Und dann wäre da noch das schiere Ausmaß der Ausstellungsfläche. Große Naturkundemuseen kommen auf 6000 bis 10.000 Quadratmeter, während dieses hier 26.5000 Quadratmetern umfasst und damit immer noch klein ist im Vergleich zum Technikmuseum in München mit 66.000 Quadratmeter oder gar dem in Speyer mit 100.000 Quadratmetern – beide werde ich für dieses Buch noch besuchen. (Und wo wir schon dabei sind, das weltweit größte Museum ist das Chinesische Nationalmuseum in Peking. Es umfasst 195.000 Quadratmeter bzw. siebeneinhalb Mal das Technikmuseum Berlin.) Wobei klar sein dürfte, warum es so viel mehr Platz benötigt. Schließlich müssen hundert Tonnen schwere Eisenbahnen, fünfzig Meter lange Schiffe und diverse Kampf- und Passagierflugzeuge des 20. Jahrhunderts irgendwo untergebracht werden. Das alles braucht doch ein wenig mehr Platz als eine gut sortierte Mineraliensammlung.

Als ich kurz darauf vor dem ersten Flugobjekt stehe, das Menschen erfolgreich in die Lüfte erhob, bin ich zuerst ein wenig erstaunt. Ich hatte dabei eigentlich an eine dieser abenteuerlichen Konstruktionen gedacht, mit denen die Pioniere Hügel hinunterrannten, abhoben und dann wenige Meter später unsanft abstürzten. Doch die Luftfahrt begann nicht an den Hängen irgendwelcher Hügel, sondern auf freiem Feld und das auch noch viel früher als angenommen. Der 21. November 1783 machte die Brüder Montgolfier zu den ersten Menschen, die ein Gerät für Flugreisen erschufen. Offenbar trauten sie ihrer eigenen Erfindung aber nur begrenzt, weswegen sie nicht gleichzeitig die ersten Menschen wurden, die vom schnöden Erdboden abhoben. Stattdessen überredeten sie zwei andere Luftfahrtpioniere zur Reise im Ballon, was François d'Arlandes und Pilâtre de Rozier zu den ersten Flugreisenden der Geschichte machte. Rozier gelang zwei Jahre später übrigens noch eine weitere Premiere, auf die er vermutlich gerne verzichtet hätte. Nachdem sein Ballon Feuer gefangen hatte, wurde er (zusammen mit seinem Begleiter Pierre Romain) das erste Todesopfer der noch jungen Luftfahrtgeschichte. Nur wenige Tage nach der ersten erfolgreichen Ballonfahrt zog ein Tüftler mit Namen Jacques Charles am 1. Dezember nach. Zwar hatte er damit das Rennen zum Himmel verloren, aber dafür saß er immerhin selbst in seiner Erfindung. Außerdem setzte sich sein Gasballon gegen den Heißluftballon der Montgolfiers durch, der sich als äußerst unzuverlässig und damit lebensgefährlich erwies, was ganz offenbar auch den kneifenden Brüdern selbst bewusst gewesen war – erst in den 1960er-Jahren konnten technische Verbesserungen die vorhandenen Makel beheben.

Natürlich blieb es nicht aus, dass diese Erfindung auch im Krieg zum Einsatz kam. In Frankreich wurde 1794 eine Luftschifftruppe gegründet und damit die erste Luftwaffe der Welt, der aber noch eine sehr überschaubare Bedeutung zukam. Als Deutschland von September 1870 bis Januar 1871 Paris belagerte, schwebten zwar Ballons über die Belagerungsringe hinweg, um Menschen und Post über die feindlichen Stellungen zu bringen, aber der Erfolg dieser Fahrten blieb gering. Oft irrten diese Himmelsboten, die nicht gelenkt werden konnten, orientierungslos über das Firmament und verschwanden mitsamt ihrer Ladung hinter dem Horizont. Doch unter den deutschen Belagerern

gab es jemanden, der all das mit großem Interesse be-
obachtete. Ein junger Freiwilliger, der sich schon als Kind
für das Fliegen interessiert hatte und genaue Aufzeichnungen
des Vogelflugs anfertigte. Sein Name war Otto Lilienthal
und ich werde gleich noch genauer auf ihn eingehen.

1881 wurde der Berliner Verein für Luftschifffahrt gegründet, durch den die Ballonfahrt auch in Deutschland
einen erheblichen Aufschwung erlebte. Obwohl die Innovationen in der Luftschifffahrt überschaubar blieben, entwickelte sich der Markt doch stetig weiter. 1910 bot die
erste Luftverkehrsgesellschaft Rundfahrten mit dem Zeppe-
lin an und bis 1914 hatten immerhin zehntausend Menschen in 1600 Fahrten eine Reise über den Wolken hinter
sich. Im Verlaufe der Jahre folgten immer komplexere Tou-
ren und als endlich gesteuerte Fahrten möglich waren,
kamen sogar Ziele in Süd- und Nordamerika dazu. In den
1930er-Jahren ging diese Epoche schließlich zu Ende und
der Ballon wurde vom Flugzeug verdrängt. Womit es Zeit
ist, zu Otto Lilienthal zurückzukehren, dem Kriegs-
freiwilligen, der voller Neugierde die französischen Ballon-
fahrten beobachtet hatte.

Im Jahr 1890 ist aus dem jungen Mann, der 1848 im
mecklenburg-vorpommerischen Anklam geboren wurde,
ein wohlhabender Dampfmaschinenfabrikant geworden.
Nachdem er so zu Geld gekommen war, nahm die Beschäftigung mit der Fliegerei immer mehr seiner Zeit in
Anspruch. Mit Anfang vierzig war er schon ein relativ be-
tagter Mann, wenn man bedenkt, dass Pioniertaten zumeist
von der waghalsigen Jugend vollbracht werden. Auf einer
der Infotafeln steht, was ein Pionier der Fliegerei damals
mitbringen musste: *„Ausgezeichnete handwerkliche Fähigkeiten, eine gute körperliche Konstitution sowie eine Portion
Mut waren die Voraussetzungen für die Verwirklichung des
Traums vom Fliegen.“* Der Verweis auf eine „Portion Mut“
dürfte die größte Untertreibung sein, auf die man im ge-

samten Technikmuseum stoßen kann. Schon ein Blick auf die Fluggeräte jener Zeit lässt bei normalen Menschen alle Fluchtinstinkte anspringen. Nüchtern beschreibt die Infotafel eines davon so: *„Die beiden vogelflugähnlichen Tragflächen mit einer Fläche von zehn Quadratmetern waren aus Weidenruten gefertigt, mit Baumwollstoff bespannt und über ein Kreuz aus Kanthölzern miteinander verbunden. Polster an dem Holzkreuz dienten der Ablage der Unterarme. So abgestützt konnte Lilienthal mit den Händen die beiden Enden der Tragflächenholme umfassen und den Apparat während des Flugs durch Verlagerung des Körpergewichts manövrieren."* Wer sich in so etwas in die Tiefe stürzt, braucht nicht nur eine „Portion Mut", sondern Mut in einer Größenordnung, die schon die Sphäre zum Wahnsinn streift. Außerdem ein stoisches Vertrauen in das eigene Glück und die durch nichts gerechtfertigte Zuversicht, es irgendwie heil zurück auf den Boden zu schaffen.

Und trotzdem stehen diese und andere wackeligen Konstruktionen am Anfang einer Entwicklung, die keine achtzig Jahre später einen Menschen auf den Mond brachte. Lilienthal selbst hätte dieses Tempo sicherlich nicht erwartet, wenn er morgens zur Scheune stapfte und seine Maschinen ins Freie schob, mit denen er kaum mehr als wenige Meter fliegen konnte. Der beeindruckendste Teil der Testfläche, die er sich baute, bestand aus einem künstlich aufgeschütteten Hügel von fünfzehn Metern Höhe. Dieser erhob sich aus dem flachen Land wie eine Pyramide, die sich irgendwie in den Berliner Speckgürtel verirrt hatte. Von hier aus startete er immer neue Flugversuche, bevor er am. 9. August 1896 tödlich abstürzte. Damit musste er immerhin nicht mehr erleben, wie gründlich seine Friedensvision scheiterte, die er zwei Jahre vor seinem Tod in einem Brief ausgebreitet hatte: „Die Grenzen der Länder würden ihre Bedeutung verlieren, weil sie sich nicht mehr absperren lassen. Die Landesverteidigung, weil zur Unmöglichkeit geworden, würde aufhören, die besten Kräfte des Staates zu verschlingen, und das zwingende Bedürfnis, die Streitigkeiten der Nationen auf andere Weise zu schlichten, würde uns den ewigen Frieden verschaffen." Offenbar verstand er den Charakter der Vögel besser als den der Menschen.

Nun machen wir einen Zeitsprung zum Stadtrand von Berlin, dreizehn Jahre nach Lilienthals Tod. Es herrscht Volksfeststimmung auf dem Flugplatz Johannisthal. Auf dem Gelände, das einer Pferderennbahn nicht unähnlich ist, sitzen Schaulustige auf den Tribünen oder spazieren zwischen den beiden schmalen Türmen umher, die für die Orientierung der Flieger und die Deutung der Windverhältnisse erbaut wurden. Anlocken ließen sich die Menschen von Plakaten, die überall in Berlin hingen und Flugzeuge vor einem dramatischen roten Sonnenuntergang zeigen. Dazu die Worte: Konkurrenzfliegen der ersten Aviatiker der Welt. Johannisthal war der erste deutsche Flugplatz und zog mit seinen Shows regelmäßig die Massen an, die sich Attraktionen wie „Rund um Berlin" oder „Wettflüge Berlin-Leipzig-Dresden" nicht entgehen lassen wollten. Manche Wettbewerbe legten gleich die ganze Hauptstadt lahm. Als etwa am 11. Juni 1911 der Deutsche Rundflug startete, *„hatten sich bereits um fünf Uhr früh eine halbe Million Menschen eingefunden. Die Vorortzüge waren überfüllt, die Zufahrtsstraßen verstopft."* Mittlerweile konnten Flüge von bis zu tausend Kilometern zurückgelegt werden, was im Vergleich zu den wenigen dutzend Metern, auf die es Otto Lilienthal keine fünfzehn Jahre früher gebracht hatte, einen rasanten Fortschritt darstellte. Neben vielen kleinen Meilensteinen lag zwischen dem Pionier und der tausend Kilometer-Marke vor allem ein großer. Im Jahr 1903 gelang auf der anderen Seite des Atlantiks den Gebrüdern Wright der erste gesteuerte Motorflug.

Ab 1909 gab es in Deutschland Pilotenscheine für Motorflugzeuge und mit Melli Beese gehörte auch eine

Frau zu den ersten, die einen erwarben. Wobei Frauen trotzdem eine Randerscheinung blieben. Von den ersten 817 Fluglizenzen gingen nur sechs an Frauen und auch Melli Beese musste ihr Leben lang gegen den Chauvinismus ihrer Zeit im Allgemeinen und den der Fliegergemeinschaft im Besonderen ankämpfen, bevor sie sich schließlich zermürbt und morphiumabhängig mit nicht einmal vierzig Jahren das Leben nahm. Es lohnt sich, ihre Biografie hier ein wenig genauer vorzustellen, da sie viel über die schier unüberwindbaren Hürden verrät, denen sich selbst Frauen aus „guten Kreisen" – ihr Vater war erfolgreicher Architekt, die Familie wohlhabend – damals gegenübersahen. Schon die Suche nach einem Fluglehrer wurde zum Spießrutenlauf. Der erste sagte wegen *„mangelnder Erfahrung mit weiblichen Schülern"* ab und der zweite, weil er schon mal eine Ballonfahrerin unterrichtet hatte, was er offenbar für eine ausreichende Begründung hielt. Als endlich ein dritter widerwillig zusagte, kam es prompt zu einer Bruchlandung, woraufhin er die Zusammenarbeit schon wieder beendete und jeden wissen ließ: *„Frauen im Flugzeug bringen Unglück."* Dieser Unfall sollte für Beese aber noch weitaus tragischere Folgen haben, denn sie brach sich dabei den Knöchel und bekam gegen die Schmerzen Morphium gespritzt, was eine lebenslange Sucht auslöste. Nach Monaten der Suche fand sie endlich einen neuen Fluglehrer, der sie allerdings nur wegen der erhofften medialen Aufmerksamkeit für seine Flugschule aufnahm und kein Problem damit hatte, dass männliche Piloten ihr Flugzeug sabotierten. Sie sei es doch, die in ein männliches *„Revier eingedrungen sei"*, erklärte er dazu nur. Nachdem sie schließlich ihren Pilotenschein in der Tasche hatte, wurden ihr munter weitere Steine in den Weg gelegt. So flog sie 1911 bei den Johannisthaler Herbstflugwochen mit – die Absage mehrere Piloten wegen ihrer Teilnahme konnte nur mit Mühe verhindert werden – und lag nach dem vierten Tag auf Rang 2, bevor sie wegen des schlechten Wetters an Tag fünf ein Startverbot erhielt und damit um alle Siegchancen gebracht wurde. Begründung: *„Das Fliegen sei nunmehr einer Frau nicht mehr zuzumuten".* Doch nach und nach sammelte sie auch Unterstützer um sich, weswegen 1912 die *Flugschule Melli Beese GmbH* gegründet werden konnte. Zu den finanziellen Förderern gehörte mit großer Wahrscheinlichkeit auch der „Odol-König" Karl August Lingner und damit der Gründer des Hygienemuseums in Dresden. Besse verkaufte jetzt auch ein Flugzeug, die *Beese-Taube,* plante ein eigenes Flugboot und heiratete den Franzosen Charles Boutard, der ebenfalls zu den Teilhabern ihrer Flugschule gehörte. Sie hatte sich ihren Platz in der Fliegerzunft erkämpft und es schien so, als sei ihr weiterer Aufstieg noch lange nicht vorbei. Dann aber sollte ein Absturz folgen, in dem sich persönliche und weltpolitische Tragödien auf eine kaum fassbare Weise verbanden. Zuerst wurde ihr Flugboot noch vor dem ersten öffentlichen Auftritt von den Behörden konfisziert und zerstört. Grund war der Ausbruch des Ersten Weltkriegs, der aus Beeses Ehemann einen „feindlichen Ausländer" machte und aus ihr ebenfalls, da sie bei der Heirat dessen Staatsangehörigkeit angenommen hatte. Sie verlor ihre lukrative Fabrik und Flugschule und verbrachte die Kriegsjahre größtenteils in einem Internierungslager in Brandenburg, wo sie an Tuberkulose erkrankten. Nach dem Krieg scheiterten alle Versuche, sich beruflich wieder zu etablieren, während auch ihre Ehe in die Brüche ging, bevor 1925 der wohl entscheidende Tiefschlag folgte, als Melli Beese ihren Pilotenschein erneuern musste und durch die Prüfung fiel. Verbittert, einsam und drogenabhängig, erschoss sie sich schließlich am 21. Dezember desselben Jahres. Anstelle eines Abschiedsbriefs hinterließ sie angeblich einen Zettel mit den Worten: *„Fliegen ist notwendig. Leben nicht."* Wer damals hingegen von allen gefeiert wurde, war der französische Kunstflieger Adolphe Pégoud, der so verwegen aussah, wie es sich für einen Akrobaten der Lüfte gehörte. Auf einem Foto lacht er der Gefahr scheinbar unbekümmert ins Gesicht, während er einen dicken Pullover trägt, die Fliegerbrille auf die Stirn gesetzt hat und den Arm entspannt aus dem engen Cockpit baumeln lässt. Ein Gesicht voller kindlicher Freude und Abenteuerlust. Überhaupt prägte eben diese Abenteuerlust, die von lebensgefährlichem Leichtsinn nicht immer zu unterscheiden war, auch noch die erste Phase der „richtigen" Fliegerei.

Der Erste Weltkrieg wurde schließlich zur Zäsur. Es kam zu Duellen über den Wolken, die oftmals noch an den Wilden Westen erinnerten, da die Piloten mit Pistolen aufeinander zielten oder sich mit Handgranaten bewarfen. Vermutlich wäre es sogar möglich gewesen, wie ein mittelalterlicher Ritter mit der Lanze auf den Gegner loszugehen. Selbst Bombenangriffe waren zu Beginn des Konflikts noch reine Handarbeit. Der Pilot griff sich die explosiven Waffen, die neben ihm im Cockpit lagen und ließ sie in die Tiefe fallen. Wirklich zielen konnte man auf diese Weise nicht und so fielen die Bomben recht wahllos zu Boden und entfalteten vor allem psychologische Wirkung. Im Verlaufe des Konflikts wurden aber auch sie immer gewaltiger. Auf einem Foto sieht man einen Piloten neben einer an die Wand gelehnten Bombe stehen, wobei der Mann mindestens einen Kopf kleiner ist als die Waffe. Mit einer Todesquote von fast fünfzig Prozent stellte sich der Platz im Cockpit außerdem als der gefährlichste heraus, den es in diesem Krieg geben konnte. Zu den vielen Opfern gehörte auch der oben erwähnte Kunstflieger Adolphe Pégoud, der 1915 abgeschossen wurde. Erstaunlicherweise sorgten diese Gemetzel über den Wolken keinesfalls für ein Ende der Luftfahrtbegeisterung in der Bevölkerung. Sie steigerte sich im Gegenteil sogar weiter, weil die Kampfpiloten zu den letzten Helden der Schlachtfelder verklärt wurden. Sie konnten noch in Duellen Mann gegen Mann bestehen und wurden nicht in Materialschlachten verheizt, die Hunderttausende anonyme Tote produzierten.

Der verlorene Krieg bedeutete für Deutschland auch das Ende seiner militärischen Luftfahrt. Es blieb also nur noch der zivile Teil übrig, mit dem es aber ein relevantes Problem gab: er existierte praktisch noch nicht. Weder in Deutschland noch sonst wo. Deswegen wurde mit der „Deutschen Luft-Reederei" die erste Fluglinie Europas gegründet, die ab 1919 die Linie Berlin – Weimar bediente und dafür umgebaute Militärflugzeuge einsetzte. Immer mehr Anbieter kamen dazu, bis es bald schon vierzehn Fluggesellschaften mit hundertzehn Flugzeugen gab. Damit überstieg das Angebot massiv die Nachfrage, was ab 1921 zu einer radikalen Reduzierung durch Pleiten und Zusammenschlüsse führte. In den 1920er- und 1930er-Jahren entwickelte sich Berlin zum Luftdrehkreuz Europas, was auch am gerade eingeweihten Flughafen Tempelhof lag. Im ganzen Jahr 1925 wurden dort trotzdem nur 11.720 Menschen abgefertigt, was bescheidene 32 Personen am Tag bedeutet. (Zum Vergleich, der heute größte deutsche Flughafen Frankfurt kam im Jahr vor der Corona-Pandemie 2019 auf fast 200.000 Reisende täglich und damit auf 70 Millionen im Jahr.) 1934 waren es dann immerhin schon mehr als 100.000, womit Tempelhof mehr Reisende abfertigte als London, Paris und Amsterdam. 1926 wurde außerdem die Luft-Hansa, damals noch mit Bindestrich, gegründet, deren erster Flug am 6. April von Berlin nach Zürich ging. Schon ein Jahr später konnten Reisende zwischen mehr als hundert Ziele im In- und Ausland wählen. Es gibt einen Flugplan von damals, der *„kostenlos in sämtlichen Reisebüros"* auslag und Städte auflistet wie Berkum, Darmstadt, Emden, Erfurt, Essen, Flensburg, Gera, Gießen, Görlitz, Goslar, Halle, Hildesheim, Kaiserslautern, Koblenz, Lübeck, Mannheim, Nordhausen, Reichenhall, Trier und Villingen. Sie alle wurden von der Lufthansa beziehungsweise Luft-

Hansa angeflogen. Daneben gab es aber auch schon Verbindungen nach Paris, London, Kopenhagen, Prag, Stockholm, Wien, Madrid, Mailand, Malmö, Göteborg, Genf, Amsterdam und Barcelona. Als dieser Flugplan galt, lagen die härtesten Zeiten übrigens schon hinter den Passagieren. Wer sich heute über fehlenden Service beschwert, sollte sich jedenfalls eines klarmachen: Vor hundert Jahren hätte man ihn in einem offenen Militärdoppeldecker transportiert und ein paar dicke Jacken gegen Wind und Kälte übergezogen. Zudem führten *„technische Probleme oder ungünstige Wetterbedingungen häufig zu ungeplanten Zwischenlandungen"* und im Winter und in der Nacht konnte ohnehin nicht abgehoben werden. Außerdem kam dazu, dass das Fliegen trotz all dieser Einschränkungen sehr teuer war.

Groß war darum die Erleichterung, als es erste Flüge bei geschlossenem Deck gab. Es brauchte wohl keine aufwendigen Marktstudien, um festzustellen, dass Menschen nicht gerne ungeschützt Stürmen und der Kälte ausgeliefert sind, während sie sich ein paar tausend Meter über dem Erdboden befinden. Bald darauf folgten erste Flugzeuge mit Bordheizung, wodurch die Notwendigkeit entfiel, sich wie ein Polarforscher anzuziehen, um während des Fluges nicht zu erfrieren. Die Geschichte der Luftfahrt ist darum auch eine Geschichte des stetig zunehmenden Reisekomforts. Im Jahr 1928 servierte der erste Steward (ja, es war ein Mann) Speisen und Getränke und so langsam konnte diese Art zu reisen sogar fast ein wenig erholsam sein. Der moderne Passagierflug nahm darum ab den 1950ern rasant zu, was maßgeblich an der Entwicklung des Düsenantriebs lag, der schnellere und effizientere Reisen ermöglichte. Immer mehr Menschen konnten sich jetzt ein Ticket leisten und seit in den 1970er-Jahren sogenannten Billigfluglinien aufkamen, ist aus dem Fliegen endgültig etwas geworden, was nicht mehr am Geldbeutel scheitern muss – auch wenn die goldenen Discountpreiszeiten wohl erst einmal vorbei sind. Was die Reiselust der Menschen aber nicht bremst. Pro Jahr gibt es über vier Milliarden Passagiere, die zwischen mehr als 1600 internationalen Flughäfen wählen können. In jedem Moment sind darum etwa 460.000 Menschen in der Luft und damit die Einwohnerschaft einer mittelgroßen Stadt beziehungsweise die von Freiburg und Mainz zusammen. Moderne Flugzeuge haben dabei nicht mehr viel mit den Holzkonstruktionen eines Otto Lilienthals zu tun, die auf Weidenruten setzten und damit zwar das Leben, aber nicht die Reisezeit verkürzen konnten. In einem modernen Passagierflugzeug sind hingegen allein 150 Kilometer an Kabeln verbaut und trotz eines Gewichts von bis zu 600 Tonnen, können sie zirka 15.000 Kilometer am Stück zurücklegen und dabei mehr als 800 Plätze anbieten. Weil das 20. Jahrhundert aber ohnehin das Jahrhundert der Mobilitätsrevolutionen war, möchte ich wissen, wie die andere Erfolgsgeschichte ablief, die unser Leben schneller, bequemer und auch ein wenig gefährlicher gemacht hat: das Auto. Dafür reise ich nach Stuttgart.

18

Automobil – Totale Freiheit und Tempolimit

Ort: Mercedes-Benz Museum in Stuttgart

Zug und Flugzeug sind beide nicht aus der modernen Welt wegzudenken, aber im Alltag haben die meisten Menschen vor allem mit dem dritten Reiter der Mobilität zu tun: dem Auto. Erstaunlich an ihm ist, dass es praktisch gleichzeitig von zwei verschiedenen Tüftlern erfunden wurde, die beinahe Nachbarn gewesen sind und trotzdem nie ein Wort miteinander gewechselt haben. Der eine, Carl Benz, beugte sich in Mannheim über seine qualmenden und fauchenden Motoren, der andere, Gottlieb Daimler, in Stuttgart. Die Vermutung dürfte nicht zu gewagt sein, dass sie aus persönlicher Abneigung auf ein gegenseitiges Kennenlernen verzichtet haben. Umso erstaunter wären sie wohl, wenn sie wüssten, dass ihre Namen mittlerweile in Eintracht vereint für den ältesten Autohersteller der Welt stehen. 1926 fusionierten ihre Konzerne, wobei Gottlieb Daimler zu diesem Zeitpunkt nicht mehr am Leben war. Nach beiden wurden Straßen, Plätze, Schulen und Sportstadien benannt, aber die passendste Erinnerung findet sich in der Antarktis. Dort

erhebt sich der Mount Daimler und als hätte sich jemand
einen Spaß erlaubt, sind es von dort nur knapp acht Kilometer zum Benz-Pass. So bleiben sie auch über den Tod hinaus nahe und doch fern Nachbarn und schweigen sich
weiterhin eisig an.

Erfunden wurde das Auto im Jahr 1886. Am 29. Januar
meldete Carl Benz in Mannheim ein „Fahrzeug mit Gas-
motorenantrieb" zum Patent an. Ein dreirädriges Fahrzeug,
um genau zu sein. Gottlieb Daimler folgte im gleichen Jahr
mit seiner „Motorkutsche", wobei hinter ihm sein Partner
Wilhelm Maybach immer etwas untergeht. Dabei war er
ein genialer Tüftler und lieferte viele wichtige Innovationen
für die Erfindung des Autos. Immerhin ehrt ihn die Daimler AG durch seine Maybach-Modelle, die im hochpreisigen
Limousinensegment angesiedelt sind. Wobei es natürlich
nicht nur diese drei Männer am Beginn der Autoindustrie
gab. Ebenfalls von nicht zu ersetzender Bedeutung waren
beispielsweise Rudolf Diesel mit dem Selbstzündermotor
und Nikolaus A. Otto mit dem Viertaktgasmotor, während
Robert Bosch die Entwicklung von Magnetzündern und
Zündkerzen vorantrieb. In Frankreich taten sich die Gebrüder Renault ebenso hervor wie in Großbritannien die
Herren Charles Stewart Rolls und Frederick Henry Royce,
die mit Rolls-Royce die berühmteste Edelmarkte überhaupt
gründeten. Es gäbe noch viele weitere Namen zu nennen,
doch würde das den Rahmen dieses Besuchs im Stuttgarter
Mercedes-Benz Museum sprengen. Kurzum, der Erfolg hat
in diesem Falle viele technisch begeisterte Väter – und tatsächlich kaum Mütter.

In der Ausstellung hängen Bilder aus jenen Pioniertagen
und sie sehen alle seltsam steif aus. Männer mit ernsten Ge-
sichtern sitzen in eleganter Kleidung auf abenteuerlich-
uneleganten Fahrzeugen und erledigen dort mit grimmiger
Entschlossenheit ihre Testfahrten. Dass es darum ging,
diese Gefährte überhaupt in Bewegung zu setzen und nicht

darum, wie schnell sie dabei werden, macht ein Detail auf den Fotos deutlich. Jeder der Männer trägt mit größter Selbstverständlichkeit seinen Zylinder auf dem Kopf. Wobei die Zeiten, in denen sie da oben verweilten, anstatt durch den Fahrtwind davongetragen zu werden, erstaunlich schnell vorbei waren. Nachdem 1886 das erste Auto angemeldet wurde und noch 1889 Höchstgeschwindigkeiten von mehr als 20 Stundenkilometer unmöglich waren, erreichten manche Wagen im Jahr 1900 schon 80 Stundenkilometer. 1908 beschleunigten Rennsportwagen in einer weiterhin von gemütlich trabenden Pferdekutschwerken dominierten Welt auf atemberaubende 163 Stundenkilometer, wobei im gleichen Jahr auch das erste Serienauto auf den Markt kam, das mit 95 Stundenkilometer ebenfalls an der Grenze zur Hundert kratzte. Ein Jahr später gelang ein weiterer Rekord, als ein Rennwagen 228 Stundenkilometer erreichte. Es war also noch vor Beginn des Ersten Weltkriegs möglich von einem Raser mit Tempo 200 überholt (oder überfahren) zu werden. Im Jahr 1937 schraubte Mercedes-Benz den Weltrekord auf der Berliner Stadtautobahn schließlich auf 370 Stundenkilometer hinauf. Die Autoindustrie war also praktisch von Beginn an im Geschwindigkeitsrausch. Ab 1894 stellte sie ihre Modelle bei Zuverlässigkeits- und Wettfahrten vor, bei denen Autos gegen Autos und zunächst auch gegen Pferde, Fahrräder und andere Fahrzeuge antraten, bevor ihre Überlegenheit so erdrückend wurde, dass diese Duelle ihren Reiz verloren. Die Geschwindigkeitsrekorde gingen dabei auf das Konto von Autos, die speziell für diese Rennen konstruiert wurden.

An dieser Stelle, an der es um rasante Autorennen geht, muss nun dringend ein weiterer Name aus der Frühzeit des Automobils genannt werden: Emil Jellinek. Er gehörte nicht zu den Bastlern, Tüftlern und Schraubendrehern, die in den Werkstätten die Maschinen zusammenbauten. Nein, er trat stattdessen mit großer Leidenschaft auf das Gaspedal. Als bekanntester Rennfahrer seiner Zeit und wohlhabender Geschäftsmann brachte er das Automobil auf mehreren Ebenen voran. Nicht nur bestellte er im Jahr 1900 gleich sechsunddreißig Daimler-Autos auf einmal, was immerhin einem Drittel der gesamten damaligen Jahresproduktion entsprach (um heute ein Drittel der Mercedes Benz-Jahresproduktion zu kaufen, müssten übrigens ca. 700.000 Autos geordert werden). Nein, er setzte sich auch entschieden dafür ein, an Wettrennen teilzunehmen. Dass er dabei hinter dem Steuer sitzen würde, verstand sich für Jellinek von selbst. Er sollte für Daimler viele Preise und Titel gewinnen und damit den Namen des Konzerns weit über die Grenzen Deutschlands hinaus bekannt machen. Dass Jellinek seine Siegerpokale aber stolz in die Luft reckte, wie wir es heute von Formel 1-Stars kennen, ist nahezu ausgeschlossen. Jedenfalls, wenn der im Museum ausgestellte „Ehrenpreis des Bayerischen Automobilclubs für die Prinz-Heinrich-Fahrt" aus dem Jahr 1909 eine typische Trophäe seiner Zeit darstellt. Handlich ist an ihr nichts. Es ist ein massiver Holztisch, auf dem eine monumentale Jagdszene dargestellt ist. Reiter, Pferd und vier Hunde hetzen offenbar ihrer Beute hinterher. Was auf diesem Pokal weit und breit fehlt, ist auch nur die kleinste Spur eines Autos. Nicht mal ein Reifen liegt im Gras. Dafür wiegt er sicherlich zwanzig Kilo, ist ein Tisch und niemand reckt ihn in die Höhe. Wenn überhaupt, könnte man sich auf ihn stellen und von dort oben aus in die Menge winken.

Seine Erfolge brachten nicht nur Gottlieb Daimler dringend benötigte Aufmerksamkeit, sondern sorgten auch für die Geburt einer der bis heute stärksten Marken der Autoindustrie. Jellinek hatte sich nämlich auch dafür stark gemacht, den Rennwagen einen eigenen Markennamen zu verpassen, der so erfolgreich war, dass er heute für die Öffentlichkeit ein Synonym für Daimler-Benz ist: Mercedes. Jellinek hatte dafür den Namen einer seiner Töchter gewählt und sich später selbst in Jellinek-Mercedes umbenannt, um vom Ruhm der Marke zu profitieren. Die Namenspatronin selbst starb übrigens im Jahr 1929 (im gleichen Jahr wie Benz und Maybach), ohne in ihrem Leben jemals ein eigenes Auto besessen zu haben.

Sicherlich war es in den frühen Tagen des Automobils aufregend, an einer Fahrt teilnehmen zu können, und doch werden die Reisenden diese Erfahrung auch als recht schmerzhaft in Erinnerung behalten haben. Die ersten Wagen verfügten über keinerlei Federung, die damaligen Straßen aber über viele Schlaglöcher. Eine unangenehme Kombination, die dem Körper vom Steiß bis hinauf zum Nacken einiges abverlangte. In jenen frühen Tagen des Autozeitalters wurde noch am idealen Wagen experimentiert, was zu einer Vielzahl skurriler Modelle führte. So etwa den Daimler „Vis-a-Vis", bei dem sich die Insassen auf zwei Bänken gegenübersaßen, was für die Geselligkeit sicherlich von Vorteil war, aber nicht für die Sicherheit, da dem Fahrer dadurch die Sicht auf die Straße genommen wurde. Eine erstaunliche Sitzkombination, die aus guten Gründen aufgegeben wurde, als die Wagen Spitzengeschwindigkeiten jenseits der 20 Stundenkilometer erreichten. Auch der Benz Dos-a-dos sollte kein Konzept für die Ewigkeit werden. Zwar nahmen dem Fahrer keine Mitreisenden mehr die Sicht, dafür saßen die vier Insassen jetzt aber Rücken an Rücken, was das Gefühl einer gemeinsamen Spitztour doch erheblich eintrübte. Beiden Wagen war gleich, dass sich das Lenkrad noch nicht an der heute bekannten Stelle befand, sondern in der Fahrzeugmitte, von wo es erst zum rechten Vordersitz wanderte, damit der Fahrer den Straßengraben und damit die zu jener Zeit größte Unfallgefahr besser im Blick haben konnte. Erst als immer mehr Autos auf den Straßen verkehrten und zunehmend höhere Geschwindigkeiten erreichten, zog das Lenkrad zu seinem heutigen Platz links vorne im Wagen um, nachdem der Straßenverkehr den Straßengraben als größte Unfallgefahr abgelöst hatte.

(In Staaten wie England befindet es sich aus dem gleichen Grund rechts vorne, da sie ein Linksverkehrsystem haben und kein Rechtsverkehrsystem wie Deutschland.)

Auch wenn es sich heute erstaunlich anhören mag, musste die Autoindustrie zu Beginn noch um ihr Überleben kämpfen. Da half es auch nicht, dass Carl Benz in einer Reklame 1888 die unbestreitbaren Vorteile seiner Erfindung herausstellte: *„Immer sogleich betriebsfähig! – Bequem und absolut gefahrlos! Erspart den Kutscher, die theuere Ausstattung, Wartung und Unterhaltung der Pferde."* Die Geldgeber zögerten trotzdem, was auch an der noch vollkommen fehlenden Infrastruktur für diesen neuen Fahrzeugtyp lag. Zwar gab es ein Streckennetz, aber das war auf Kutschen ausgelegt, während es zugleich nicht mal Tankstellen für das Auto gab (erst in den 1920er-Jahren entwickelte sich eines nach heutigen Maßstäben), weswegen zu Beginn der Treibstoff in vereinzelten Lagerstätten, Hotels, Drogerien und Apotheken gekauft werden musste. Was auch in einer der erstaunlichsten Episoden einer der erstaunlichsten Autofahrten der Geschichte eine Rolle spielt, nämlich der filmreifen Fahrt von Bertha Benz im Jahr 1888. Diese Reise war vieles: ein Protest, ein Abenteuer, eine emanzipatorische Leistung und ein Liebesbeweis. Empört über die vielen Rückschläge, die ihr Mann Carl Benz auf der Suche nach Geldgebern erleben musste, die ihn zwischenzeitlich so sehr entmutigten, dass er sogar über die Aufgabe seiner Automobilpläne nachdachte, schwang sich seine Gattin kurzerhand hinter das Lenkrad und fuhr von Mannheim in ihren Geburtsort Pforzheim. Für diese Reise von 103 Kilometern, auf die sie ihre beiden Söhne mitnahm, brauchte sie die nach heutigen Maßstäben epische Zeit von 13 Stunden – ganz genau waren es angeblich 12 Stunden und 57 Minuten –, die aber damals mit der Kutsche etwa vierundzwanzig Stunden gedauert hätte und damit fast doppelt so lange. Für ihre Zeitgenossen war Frau Benz also geradezu erschütternd schnell unterwegs und das, obwohl sie immer wieder von Pannen zurückgeworfen wurde, die von der ersten Autofahrerin der Welt aber auf äußerst pragmatische Weise gelöst wurden, wie sie selbst in einem kurzweiligen Bericht über diesen Tag zu berichten wusste: *„Der Benzinzufluss verstopfte sich, eine Hutnadel musste Dienste leisten; und als die Zündung versagte, musste mein – es sei ausgesprochen, mein – Strumpfband als Isoliermaterial dienen."* Sie kam damals auch durch die Kleinstadt Wiesloch, die dieses Ereignis mit einer Gedenktafel sowie einem Denkmal verewigt hat. Damit will dieser Ort sich womöglich dafür bedanken, dass Bertha Benz ihm eine kleine Fußnote in der Automobilgeschichte verschafft hat. Sie machte dort nämlich halt und besorgte sich in der Apotheke neuen Treibstoff, als der damals Ligroin diente, ein Reinigungsmittel. Diese Ausfahrt, die Frau Benz nicht mit Herrn Benz abgesprochen hatte, sorgte für eine wohlwollende bis begeisterte Berichterstattung und trug dazu bei, dass Carl Benz bei Banken und anderen Geldgebern endlich auf offenere Ohren stieß.

Wie viel er seiner Frau zu verdanken hatte, die sich danach übrigens nie mehr selbst ans Steuer setzte, wusste er genau und schrieb dazu in seiner Autobiografie: *„Nur ein Mensch harrte in diesen Tagen, wo es dem Untergange entgegen ging, neben mir im Lebensschifflein aus. Das war meine Frau. Tapfer und mutig hisste sie neue Segel der Hoffnung auf."* Wobei nur ein Detail in dieser Beschreibung nicht ganz stimmt. Sie harrte nicht aus. Sie stieg ins Auto und fuhr los. Übrigens kann jeder auf den Spuren von Berta Benz wandeln beziehungsweise fahren, da die offizielle „Berta Benz Memorial Route" den Weg nachzeichnet, den sie damals gewählt hat. Sogar die Apotheke gibt es noch, vor der aber nicht mehr geparkt werden kann, da sie mittlerweile in einer Fußgängerzone liegt.

Dass Carl Benz und andere Autobauer lange Zeit solche Probleme hatten, Geldgeber zu finden, ist aber in der Tat nicht so überraschend, wie es aus heutiger Sicht scheinen mag. Es ist sogar eine ziemlich vernünftige Entscheidung gewesen, nicht in einen Markt zu investieren, den es praktisch noch nicht gab und der ein Produkt anbot, das sich kaum ein Mensch leisten konnte. Nicht zufällig gehörte zu den ersten Automobilkunden der Sultan von Marokko, der sich diese Neuheit 1892 zulegte. Ein Blick auf die Verkaufszahlen der ersten Jahre gab vorläufig allen Recht, die sich mit finanzieller Unterstützung zurückhielten. Benz verkaufte in den sieben Jahren zwischen 1894 und 1901 gerade mal 1200 Modelle seines „Velo", der damit schon sein größter Erfolg war und selbst im Jahr 1932 stellte die bescheidene Zahl von etwa 4500 verkauften Exemplare des Mercedes-Benz 170 eine beachtliche Leistung dar. Es sollte bis Mitte des Jahrhunderts dauern, bevor ganz andere Dimensionen erreicht wurden. Ein Blick auf die globalen Verkaufszahlen lässt in dieser Hinsicht keine Fragen offen. 1950 liefen 10,5 Millionen Autos vom Band, 1960 schon 16,5 Millionen und 1970 30 Millionen, 1980 38,5 Millionen, 1990 48,5 Millionen, im Jahr 2000 58 Millionen, 2010 77,5 Millionen und 2020 nur deswegen nicht mehr als zehn Jahre zuvor, weil die Weltwirtschaft von der Corona-Pandemie zum Stillstand gebracht wurde. Noch im Jahr 2017 stand eine Produktion von 97 Millionen Autos an und es ist nur eine Frage der Zeit, bis die 100 Millionen-Marke geknackt wird. In die Idee von Carl Benz zu investieren, hätte sich mittelfristig also mehr als gelohnt.

Der Aufstieg des Autos zu einem Jedermanns-Fahrzeug brachte den Menschen zwar eine nie gekannte Mobilität, aber zu einem hohen Preis. Im Jahr 1970 gab es in Deutschland 21.332 Verkehrstote und damit so viele wie nie zuvor. Politik und Gesellschaft forderten höhere Standards, damit die Straßen sicherer werden, worauf die Autoindustrie unter anderem mit der Entwicklung des Antiblockiersystems und dem Airbag reagierte. Zugleich kam 1976 die Gurtpflicht, die von wütenden Protesten begleitet wurde. Tatsächlich zeigten die verschärften Gesetze Wirkung, zu denen eine Höchstgeschwindigkeit von 100 Stundenkilometern auf Landstraßen ebenso gehörte wie serienmäßige Kopfstützen und eine Promillegrenze von 0,8 und später 0,5. Zudem machte die Notfallmedizin bedeutende Fortschritte. Bis zum Jahr 2000 hatte sich die Zahl der Verkehrstoten im Vergleich zu 1970 um zwei Drittel auf etwa 7500 reduziert, während sich das Verkehrsaufkommen in der gleichen Zeit verdoppelt hatte. Bis 2021 sank sie weiter auf den bisher niedrigsten Wert von 2562. Insgesamt gingen die Zahlen seit dem Höchststand im Jahr 1970 stetig zurück, mit einer bemerkenswerten Ausnahme rund um die deutsche Wiedervereinigung. Autos aus Ostdeutschland entsprachen nicht den westdeutschen Sicherheitsstandards, weswegen die Zahl der Verkehrstoten kurzzeitig anstieg, bevor sie sich ab Mitte der 1990er-Jahre in Gesamtdeutschland wieder reduzierten und reduzierten.

Wie es mit dem Auto weitergeht, entscheidet sich mittlerweile zunehmend weniger am Interesse der Kunden und damit des Marktes, sondern in der Politik. So hat das EU-Parlament im Jahr 2023 entschieden, dass ab 2035 Neuwagen nur noch einen Verbrennermotor haben dürfen, wenn sie klimaneutralen Kraftstoff tanken – womit das Ende einer Ära eingeläutet wird, die mit der Anmeldung des ersten Patents durch Carl Benz im Jahr 1886 begonnen hatte. Was auch zu Ende geht, ist mein Besuch in diesem Museum. Einer der stärksten Eindrücke, die ich hier gewann, hatte übrigens nichts mit der eigentlichen Ausstellung zu tun, sondern war ein zufälliger Blick durch das Fenster zur nahen Autobahn. Museen leiden oft daran, dass sie Themen nur schwer aus der Theorie in die Praxis übertragen können. Ein präparierter Adler kann niemals so majestätisch wirken wie ein Adler, der am Himmel kreist und so kann auch ein Automuseum die Allgegenwart dieses

Fahrzeugs nicht so vermitteln, wie es einem einfachen Blick auf die Autobahn gelingt. Was dort ohne Unterbrechung die Straße hinauf und hinunterfährt, ist der größte Mobilitätserfolg der Geschichte. Vermutlich hätten selbst Carl Benz und Gottlieb Daimler nie geahnt, dass ihre Erfindung die Welt so grundlegend prägen würde. Und wenn sie heute gemeinsam aus diesem Fenster schauen könnten, wäre es vielleicht möglich, dass sie sich danach anblicken und tatsächlich ein oder zwei Worte miteinander wechseln. Vielleicht auch nur:

Benz: „Beeindruckend."
Daimler: „Ja."
Abgang Daimler.
Abgang Benz.

Doch weil dem Menschen die Welt nicht genug ist, hat er sich neben Wasser, Land und Fluss auch in das Weltall hinausgewagt. Seit wann er das versucht, wie erfolgreich er dabei ist und was für Abenteuer im Orbit in Zukunft zu erwarten sind, möchte ich im nächsten Kapitel erfahren. Dafür geht es nach Speyer.

19

Weltall – Homo sapiens Mondfahrt

Ort: Technik Museum Speyer

Das Technikmuseum in Speyer ist aus vielen Gründen kein gewöhnliches Museum. Zum einen ist es riesig und verfügt über eine Hallenfläche von 25.000 m², zu dem noch ein vier Mal so großer Außenbereich hinzukommt. Zum anderen verfügt es über ein eigenes Hotel sowie ein IMAX-Kino und hat einen älteren Bruder: das Technikmuseum Sinsheim. Dieses wurde 1981 eröffnet und weil es sich mit viel Leidenschaft große und sehr große Ausstellungsstücke zulegte, zu denen auch die Überschallflugzeuge Tu-144 und Concorde gehören, reichten die dortigen 50.000 Quadratmeter Ausstellungsfläche schon nach wenigen Jahren nicht mehr aus. Da traf es sich gut, dass in Speyer 1991 ein ehemaliges Fabrikgelände frei wurde, das ein erstaunliches Stück deutsch-französischer Geschichte des 20. Jahrhunderts darstellt. Es steht seit 1915 an seinem heutigen Platz und diente als Flugzeugfabrik. Doch Speyer war nicht der erste Ort, wo dieses gewaltige Bauwerk stand. Errichtet wurde es zwei Jahre zuvor bei Lille in Frankreich, bevor die deutsche Armee es während des Ersten Weltkriegs kurzerhand demontierte und Stück für Stück in Speyer wieder aufbaute. Das war dann wohl Industriespionage mit dem Holzhammer, da wurden keine Baupläne gestohlen, sondern gleich ganze Immobilien. Nach dem Ersten Weltkrieg nutzten ausgerechnet die französischen Besatzungssoldaten das Gebäude bis 1926, was sich nach dem Zweiten Weltkrieg von 1946 bis 1984 wiederholte. Diese aus Frankreich entführte Fabrik blieb also auf gewisse Weise einen Großteil des Jahrhunderts lang trotzdem französisch. Heute ist sie ein Teil des Technikmuseums und überrascht die Besucher damit, dass die Eingangstüre ganz altmodisch mit Muskelkraft aufgedrückt werden muss. Da schnauft keine Dampfmaschine, da rasseln keine Ketten und da summen keine Sensoren, um ihnen diese Aufgabe abzunehmen. Wer diese Hürde überwunden hat, kann Lokomotiven, Oldtimer und Motorräder bestaunen, in U-Boote und Flugzeuge klettern, eine umfangreiche Orgelsammlung bewundern oder das Hausboot (und den Bus) der Kelly Family fotografieren. Alles recht raumgreifende Ausstellungsstücke. Kein Wunder also, dass das Museum seine 125.000 Quadratmeter Fläche gut gebrauchen kann. Und dabei habe ich die Raumfahrtausstellung noch gar nicht erwähnt, wegen der ich heute hier bin.

Der erste Blick in der Weltraumhalle fällt unweigerlich auf das Spaceshuttle, das hier ausgestellt ist. Und die ersten Worte der Besucher lauten darum oft: „Das Spaceshuttle". Diese Bewunderung kann man niemanden verdenken, denn das Raumschiff sieht wirklich beeindruckend und ein wenig einschüchternd aus. Beinahe so, als wäre es eine Dauerleihgabe des Imperiums aus Star Wars. Nur eine Kleinigkeit trübt diese Spaceshuttle-Euphorie: dass es kein Spaceshuttle ist. Wer auf das Leitwerk achtet, sieht dort eine rote Fahne mit Hammer und Sichel, die sich recht deutlich von der US-Fahne unterscheidet. Allerdings macht es den Eindruck, als würden die meisten Besucher dieses Detail nicht wahrnehmen und so steht hier eben ein Ehren-Spaceshuttle im Zentrum der Halle. Eigentlich heißt es aber Buran und hat ein maximales Startgewicht von 105 Tonnen, bewegte sich allerdings während seiner aktiven Zeit nicht sonderlich weit ins Universum hinaus. Im Jahr 1988 erreichte es einmal die Höhe von 150 Kilometern. Das war es auch schon, bevor kurz darauf die Sowjetunion zusammenbrach.

Nachdem sich bis ins 20. Jahrhundert hinein vor allem Künstler und Schriftsteller mit Reisen zu fremden Planeten und Begegnungen mit außerirdischen Lebensformen beschäftigten, änderte sich das ab den 1950er-Jahren langsam und ab den 1960er-Jahren rasant. Vermutlich war es ohnehin unausweichlich gewesen, dass dieser Schritt irgendwann folgen wird. Im konkreten Fall diente der Kalte Krieg als erstes und gewaltiges Antriebssystem der Raumfahrtgeschichte. Das Universum wurde zur Chefsache im Weißen Haus und dem Kreml und zu Beginn kamen die Sowjets dabei regelmäßig vor den Amerikanern ins Ziel. Vor allem gewannen sie den Wettlauf um den ersten Satelliten, den sie 1957 in die Umlaufbahn schossen. Am 12. April 1961 durchbrachen sie außerdem stellvertretend für die Menschheit die letzte Grenze, die bisher kein Homo sapiens überschritten hatte: die ins Weltall hinaus. Zwar nur für etwas weniger als zwei Stunden, aber immerhin. Der Kosmonaut Juri Gagarin überstand die Reise gesund und wurde zu einer Berühmtheit, nach der Schulen, Straßen und Plätze benannt wurden. Auch Denkmäler trugen seinen Namen. Er selbst konnte seinen Ruhm aber nur sieben Jahre genießen, bevor er bei einem Testflug mit einem MiG-Kampfflugzeug tödlich verunglückte. Im Westen hatten diese beiden Triumphe der Sowjetunion, die laut einer ausgestellten Ausgabe der Jungen Welt nicht weniger als einen *„grandiosen Sieg der sowjetischen Wissenschaft"* bedeuteten, fieberhafte Bemühungen zur Folge, ebenfalls einen galaktischen Erfolg zu erzielen.

Die Hoffnungen lagen dabei ganz auf der National Aeronautics and Space Administration, die unter ihrem Kürzel NASA weltbekannt geworden ist und als Reaktion auf den „Sputnik-Schock" gegründet wurde. Wobei die USA allerdings nie so weit hinter den Sowjets zurücklagen, wie der Doppelerfolg mit Sputnik und Gagarin vermuten lässt. In Wahrheit waren sie den Sowjets immer dicht auf den Fersen gewesen. So schossen sie nur vier Monate später ihren ersten eigenen Satelliten in die Umlaufbahn und den Wettlauf um den ersten Menschen im All verloren sie sogar noch knapper, um nur etwa vier Wochen. Doch das Problem blieb, dass die Anerkennung für die Großtaten im Weltraum an Moskau ging. Dabei waren die Pioniertaten erstaunlich, die auf beiden Seiten des Eisernen Vorhangs vollbracht wurden. Schließlich wusste niemand so wirklich, was da draußen auf die Raumfahrer wartet. Wie würden sie auf extreme Temperaturen und kosmische Strahlung reagieren, wie auf die absolute Einsamkeit, wie mit der Schwerelosigkeit zurechtkommen? Weil das keiner mit Gewissheit sagen konnte, schickten beide Kontrahenten zuerst eine Menge Tiere und einige Pflanzen in den Himmel. Zum Teil wortwörtlich, da viele diese Testflüge nicht überlebten. Im Laufe der Zeit haben es unter anderem diese Spezies zu Weltallausflügen gebracht: Fruchtfliegen, Fadenwürmer, Bärtierchen, Meeresschnecken, Wasserflöhe, Frösche, Fische, Ameisen, Weizen, Tabak und allerlei Bakterien. Bekannter sind allerdings die Reisen von Mäusen, Ratten Affen und vor allem Hunden gewesen. So wurde 1957 die Hündin Laika zum ersten Lebewesen, das die Erde verließ, nachdem sie vor ihrer Kosmonauten-Karriere als Straßenhund in Moskau gelebt hatte. Im Gegensatz zu den vier weiteren Hunden, die die Sowjetunion bis 1961 in Weltall schickte, überlebte Laika ihre Mission jedoch nicht. Womit sie das Schicksal des ersten Schimpansen Ham teilte, den die USA ebenfalls 1961 auf die Reise schickten – auch in diesem Fall hatten die Nachfolger mehr Glück, denn mit Enos kehrte der nächste Schimpanse wohlbehalten auf die Erde zurück.

Die USA hatten 1961 ein wahrhaft ehrgeiziges Ziel ausgemacht, das J.F. Kennedy in die Radios und Fernsehgeräte der Nation sprach: *„Ich meine, diese Nation sollte sich dem Ziel verschreiben, bis zum Ende des Jahrzehnts einen Menschen auf dem Mond landen zu lassen und ihn wieder sicher zurück zur Erde zu bringen."* Dieses ehrgeizige Ziel bietet die richtige Gelegenheit, um auf den genialen Techniker hinter der amerikanischen Mondrakete einzugehen und damit auf Werner von Braun. Er war nicht nur „Vater der Mondrakete", sondern in Wahrheit Vater vieler Raketen und von denen flogen die wenigsten zum Mond, aber fiele im Zweiten Weltkrieg auf London. Dass er SS-Mitglied war und zur Nazi-Elite gehörte, wird in der Ausstellung nicht erwähnt, so wie die Zeit von 1933 bis 1945 überhaupt zu großen Teilen unter „Lücke im Lebenslauf" fällt. Dafür wird sein „Sinn für Humor" gelobt, weil er Neil Armstrong wissen ließ: *„Wenn die Statistiker und ihre Vorhersagen etwas taugten, wärst du tot und ich wäre im Gefängnis."* Ein gut gelaunter NS-Kriegsverbrecher amüsiert sich darüber, nie bestraft worden zu sein. Wahrlich ein feiner Sinn für Humor.

J.F. Kennedy erlebte nicht mehr, wie seine Ankündigung wahr wurde, da er 1963 in Dallas erschossen wurde. Tatsächlich erreichten die USA noch in den 1960er-Jahren den Mond. Ganz genau am 20. Juli 1969. Von dieser ersten Mondlandung gibt es auch einen berühmten Schuhabdruck, der aber nicht von Neil Armstrong, und damit dem ersten Menschen auf dem Mond, stammt. Es ist der von Buzz Aldrin, dem zweiten Menschen auf dem Mond. Das gilt auch für praktisch alle anderen Fotos, die es von der Mondlandung gibt. Der Astronaut auf der Leiter des

Landemoduls, der Astronaut vor der US-Fahne, der Astronaut vor karger Kraterlandschaft. Jeder denkt, das ist Armstrong. Aber es ist immer Aldrin, der von Armstrong fotografiert wurde. Auch Aldrin hatte eine Kamera und knipste eifrig Fotos, als diese aber nach der Rückkehr zur Erde ausgewertet wurden, war die Überraschung groß, da sich darauf kein einziges vorzeigbares Bild von Neil Armstrong fand. Aldrin tat verdutzt und erklärte, dass er offenbar so darauf konzentriert war, Fotos der Mondoberfläche zu machen, dass er an solche Schnappschüsse schlicht nicht gedacht hatte. Doch in Wahrheit war er so gekränkt darüber, dass Armstrong und nicht er als erster den Mond betreten durfte, dass er ihn wohl mit voller Absicht „vergessen" hatte. Damit sorgte er immerhin für das erste Eifersuchtsdrama außerhalb der Erde. Dass es heute trotzdem Bilder von Armstrong gibt, liegt daran, dass er sich auf einigen Bildern in Aldrins Helm spiegelte, wenn er seinen Kollegen ablichtete. Außerdem hat eine installierte Kamera des Landemoduls Bilder gemacht, wenn auch in deutlich schlechterer Qualität.

1969 gab es übrigens nicht nur eine, sondern zwei Mondlandungen, ebenso 1971 und 1972. Man muss das betonen, da das kollektive Gedächtnis der Menschheit dazu neigt, sie alle zu der einen am 20. Juli 1969 zu vereinen. Wofür auch spricht, dass vermutlich niemand die Namen der anderen zehn Astronauten kennt, die ebenfalls den Erdtrabanten betraten. Wer sich die Apollo-Missionen zum Mond anschaut, könnte außerdem beim Blick auf diese Liste stutzig weden: Apollo 11, Apollo 12, Apollo 14, Apollo 15, Apollo 16, Apollo 17. Moment, fehlt da nicht etwas? Genau. Die Reihe ist unvollständig. Was ist mit Apollo 13? Diese Mission ist mit einem Satz verbunden, der neben Neil Armstrongs *„Dies ist ein kleiner Schritt für einen Menschen, aber ein riesiger Sprung für die Menschheit"* der berühmteste der Weltraumgeschichte ist: *„Houston, wir* *haben ein Problem*". Und ein Problem ist etwas, das man 330.000 Kilometer von der Erde entfernt nicht haben will. Zumal sich das Problem bald schon als riesiges Problem herausstellte, da auf dem Weg zum Mond einer der beiden Sauerstofftanks explodiert war. Danach begann eine dramatische Rettungsaktion, bei der wenig für eine erfolgreiche Rückkehr zur Erde sprach. Zu viele Instrumente des Raumschiffs hatten Schaden genommen, weswegen der Sauerstoff rasant zur Neige ging und den Astronauten ein Tod durch Ersticken drohte, während sie nicht mehr genug Antrieb hatten, um in eine Erdumlaufbahn einzuschwenken. Die Horrorvorstellung eines Raumschiffs, das manövrierunfähig in den Tiefen des Weltalls verschwinde, schien Wirklichkeit zu werden. Im NASA-Hauptquartier in Houston und im Raumschiff selbst wurde unter enormen Zeitdruck und einer sich stetig verschlechternden Lage ein Rettungsplan improvisiert. Ein notwendiger, aber nicht vorhandener Adapter wurde dabei kurzerhand aus Schläuchen, Klebebändern, Buchdeckeln und Socken zusammengebaut, womit der Tod durch Ersticken abgewendet werden konnte. Außerdem nahm das Raumschiff mit einer Mondumrundung „Anlauf" für eine Rückkehr zur Erde, um damit die Geschwindigkeit zu erreichen, die wegen der ausgefallenen Antriebe sonst nicht mehr möglich wäre. Ohne diesem Schwung hätte sich das Raumschiff der Erde nur bis auf 60.000 Kilometer genähert, bevor es ins Weltall hinausgetrieben wäre. Schließlich gelang die Rettung tatsächlich und wird von der NASA selbst als ihre „größte Stunde" angesehen. Für die drei Astronauten, die wegen ihrer gescheiterten Mondlandung enttäuscht waren, blieb als Trostpreis zumindest, dass sie sich durch das „Schwungholen" hinter dem Mond exakt 401.056 Kilometer von der Erde entfernt hatten und damit weiter als je ein Mensch zuvor oder seitdem. Als weiterer Trostpreis dürfte wohl auch gelten, dass sie die Mission überlebt haben.

Die Sowjetunion hatte sich schon lange vor dem Jahr 1969 aus dem Wettlauf zum Mond zurückgezogen, da ihnen der Rückstand auf die Amerikaner in diesem Bereich frühzeitig unaufholbar schien. Stattdessen baute sie die erste Raumstation, die schließlich unter dem Namen Mir von 1986 bis 2001 über 86.000-mal die Erde umkreiste und wichtige Daten und Erfahrungen für den Bau der Internationalen Raumstation ISS lieferte. Wobei auch der Ruhm der amerikanischen Mondlandungen zunehmend verblasst. Was schon daran zu bemerken ist, dass weit mehr als die Hälfte der heute lebenden Menschen noch nicht geboren waren, als 1972 die bisher letzte Mondlandung stattgefunden hat. Es wird also Zeit, langsam erneut abzuheben und tatsächlich habe die USA vor, genau das zu tun.

Wobei längst ein neuer Wettlauf angefangen hat: der zum Mars. Weiterhin haben die Amerikaner die besten Chancen, auch dort die ersten zu sein, zumal sie längst schon Knowhow auf dem roten Planeten im Einsatz haben. Insgesamt hat die NASA dort bisher vier Roboter abgesetzt, die beeindruckende Fotos und Audiodateien zur Erde senden. Aber auch China als aufstrebende Weltraumgroßmacht hofft darauf, als erste Nation auf dem Mars die eigene Fahne zu hießen. Einen Roboter hat es dort ebenfalls schon abgesetzt und erregte zusätzlich damit Aufsehen, seit dem Jahr 2022 eine eigene Raumstation zu betreiben. Zwar ist sie mit 16,6 Metern deutlich kleiner als die ISS mit 51 (bzw. 73 Metern mit Solarpanelln) und wiegt 68,5 Tonnen statt 440 Tonnen, doch ist die Leistung dennoch beachtlich, im Alleingang ein solches Projekt gestemmt zu haben. Dieser Erfolg wird die Chinesen im Versuch motivieren, die USA zu überholen. Der Wettlauf zum Mars ist jedenfalls eröffnet. Deutschland fällt dabei, und in der Raumfahrt generell, nur eine Nebenrolle zu. Während es die Entwicklung des Flugzeugs und vor allem des Autos wesentlich prägte, traf das auf den Wettlauf zu den Sternen nicht zu. Eine eigenständige Weltraumindustrie gab es nie, stattdessen internationale Kooperationen und die Mitgliedschaft in der Europäischen Raumfahrtbehörde ESA, die mit den Ambitionen und Erfolgen der NASA nie mithalten konnte und überhaupt erst sechs Jahre nach der ersten Mondlandung gegründet wurde. Das bekannteste Projekt, an dem sie beteiligt ist, kreist seit vielen Jahren über den Köpfen der Menschheit umher. Es ist die Internationale Raumstation ISS, die eigentlich schon im Jahr 2020 ihren Betrieb einstellen sollte, nun aber womöglich bis 2030 im All bleiben wird. Bei ihr handelt es sich vermutlich um das teuerste, je von Menschen erbaute Objekt, für das die Schätzungen zwischen 100 und 150 Milliarden Dollar liegen. Ansonsten leistet die ESA auch mit der Trägerrakete Ariane ihren Teil zum Transport von Satelliten ins Weltall.

Wer in der Ausstellung nicht erwähnt wird, aber dafür umso mehr bei den fachsimpelnden Besuchern, ist Elon Musk. Ihm ist es gelungen, mit SpaceX in einen Markt vorzudringen, den es eigentlich gar nicht gab. Immerhin ist die Geschichte der Raumfahrt die Geschichte von Raumfahrtbehörden. Doch Musk bot mit seinen wiederverwendbaren Trägersystemen eine so günstige Alternative zu den bisherigen Raketen, dass die US-Regierung zunehmend mehr auf SpaceX setzte. Wird die Zukunft der Raumfahrt also zunehmend auch eine der privaten Unternehmen werden? Ausgeschlossen ist es keinesfalls, da mit Jeff Bezos auch ein weiterer Milliardär mit dem Unternehmen Blue Origin nach vorne drängt. Gut möglich also, dass die nächsten Meilensteine da draußen im Sonnensystem nicht mehr nur mit dem Aufstellen eines Landesflagge, sondern womöglich mit Werbung für ein Privatunternehmen zelebriert wird. Ohne Zweifel haben die privaten Konkurrenten die Raumfahrt nach vorne gebracht und öffnen sie zunehmend für Zivilisten. Die touristische Erschließung des Universums hat damit schon begonnen. Was die einen für Frevel halten,

sehen andere als angemessene Demokratisierung an.
Warum sollte das All dem Durchschnittsmenschen für
immer verschlossen bleiben? Vielleicht grölen im Jahr 2100
die Sauftouristen nach Abflug ihrer Raumrakete bierselig
„Mond-Malle ist nur einmal im Jahr!" Wäre das so schlimm?
Man wird es sehen. Wie sich die Raumfahrt entwickelt, ist
jedenfalls offen und genau das ist so faszinierend an ihr. Es
bleibt also spannend, wie die Abenteuer am Sternenhimmel
weitergehen. Doch wie sieht es hier unten auf dem schnöden Erdenrund aus? Wie wird sich die Zukunft hier gestalten? Um das zu erfahren, geht es vom Technikmuseum
in Speyer in das Technikmuseum in München.

20

Roboterzeitalter – Reichst du mir deine helfenden Schaltkreise?

Ort: Deutsches Museum in München

Meine fast 14 Milliarden Jahre langen Reise, die im Berliner Naturkundemuseum begonnen hatte, geht in München zu Ende. Im Deutschen Museum, das seine Gründer zur Eröffnung im Jahr 1906 noch farbenfroh „Museum von Meisterwerken der Wissenschaft und der Technik" genannt hatten. Wobei „die Gründer" eigentlich nur ein Gründer war: Oscar von Miller. Ein Mann, der Ende des 19. Jahrhunderts berühmt wurde, weil er zu den Pionieren der elektrischen Stromerzeugung gehörte. Ihm gelang es, Strom erstmals über eine Entfernung von über 170 Kilometern zu transportieren und 1882 mit einem elektronisch angetriebenen Wasserspiel für Aufsehen zu sorgen, das auf der ersten elektrotechnischen Ausstellung in München (die er selbst organisiert hatte) zu sehen war. Er war aber kein gesellschaftlicher Aufsteiger wie der Odol-König und Gründer des Hygienemuseums Karl August Ligner, sondern entstammte einer in den erblichen Adelsstand erhobenen Familie und verkehrte darum in den besten Kreisen des

© Der/die Autor(en), exklusiv lizenziert an Springer Fachmedien Wiesbaden GmbH, ein Teil von Springer Nature 2023
G. Böss, *Vom Urknall bis zum E-Auto*,
https://doi.org/10.1007/978-3-658-42337-7_20

Landes. Genau diese Kontakte in Wirtschaft, Gesellschaft, Adel und Politik nutzte er schließlich auch, um das Deutsche Museum zu realisieren. Dass er ausgerechnet in diesem 1934 an einem Herzinfarkt starb, unterstreicht ein wenig zu dramatisch, mit wie viel Leidenschaft er sich um dieses Projekt bemüht hatte.

Eine Ausstellung in diesem größten Museum Deutschlands befasst sich mit dem zweiten Begleiter, den sich die Menschheit nach dem Hund erschaffen hat: Roboter. Während der eine aus dem Baukasten der Evolution stammt, ist der andere das Ergebnis einer mehrtausendjährigen Fortschritts- und Technikgeschichte. Menschen träumten schon immer von Maschinen, die wie von Zauberhand angetrieben werden und sie beschützen oder rächen können, ihnen die harte Arbeit abnehmen und generell das Leben angenehmer gestalten. Seit der Mensch diesen Traum hat, plagt ihn aber auch den Alptraum, dass sich diese Maschinen gegen ihn richten werden. Lange Zeit wurden diese Ängste nur in Büchern und Gedankenspielen ausgebreitet, da die Gefahr sehr abstrakt blieb und die vorhandenen Maschinen ziemlich primitiv waren. Bis Mitte des 20. Jahrhunderts handelte es sich zumeist um reine Attraktionen zum Staunen und Wundern. Beispielhaft dafür steht in der Ausstellung ein elektrischer Mönch aus der Mitte des 16. Jahrhunderts, dessen Innenleben aus Zahnrädern besteht, durch die Arme, Füße, Mund und Augen bewegen werden. Das ist beeindruckende Handwerkskunst, aber letztlich auch nicht mehr. Vor allem ist dieses Stück Holz mit Zahnrädern kein Roboter. An ganz anderer Stelle im Museum, im Bereich Musik, stößt man außerdem auf einen Trompeterautomaten aus dem frühen 19. Jahrhundert. Er ist wie ein Spielmann gekleidet, der fesch mit breitkrempigen Stiefeln, Hosenträgern und einem beeindruckenden Schnur- und Kinnbart ausgestattet ist. Außerdem kann er zwei Töne gleichzeitig spielen, was für Menschen unmöglich ist. Die Zeitgenossen waren begeistert davon und es folgte eine ernsthafte Debatte darüber, menschliche Trompeter einfach durch mechanische zu ersetzen. Ich erwähne das nur, weil es zeigt, dass der Erfolg der Robotik und die Angst vor Arbeitsplatzverlust schon immer zwei Seiten derselben Medaille waren. Daran hat sich bis heute nichts geändert, wo durch das Aufkommen von Programmen wie ChatGPT ganze Branchen, zum Teil wohl völlig zurecht, um ihre Zukunft fürchten. Übrigens stammt das Wort Roboter weder aus dem Lateinischen noch aus dem Englischen, sondern aus dem Tschechischen. Es geht auf den Dramatiker Karel Capek zurück, der diesen Begriff für sein Stück *Rossum's Universal Robots* aus dem Jahr 1920 verwendet hat. Das Stück ist heute vollkommen vergessen, aber dieses Wort, das so viel wie *Fronarbeiter* bedeutet, weltberühmt. Vermutlich wäre es dem Autor andersrum lieber gewesen.

Beim Mutterland der Robotik, würden die meisten wohl an Japan denken, und tatsächlich kommt dieses Land auf einen Marktanteil von fast fünfzig Prozent im Bereich der Industrieroboter. Eingeläutet wurde das Roboterzeitalter aber Anfang der 1960er-Jahren in den USA, als General Motors als erster Konzern überhaupt auf diese Innovation setzte, die seitdem vor allem da genutzt wird, wo es Menschen zu monoton, zu gefährlich, zu eklig, zu groß oder zu klein ist. Darum stellen heute die Kampfmittelbeseitigung, die Tiefsee und das Weltall zwar drei extreme, aber nicht untypische Arbeitsumfelder dar, in denen sie zum Einsatz kommen. Auch das Innere des menschlichen Körpers wird zunehmend mit ihnen erkundet und es könnte durchaus sein, dass die letzten großen Entdeckungen des Menschen auf diesem Planeten ausgerechnet in ihm selbst stattfinden werden. So gibt es mittlerweile Kapsel-Endoskope, die geschluckt werden und Bilder aus dem Körper übertragen, bevor sie auf natürlichem Wege wieder ausgeschieden werden. Längst wird auch an noch deutlich kleineren Kapseln, Sonden und sogar winzigsten Drohnen geforscht.

„Vater der Robotik" und damit Hoffnungsträger und Angstmacher zugleich, war ein 1925 in New York geborener Sohn deutscher Einwanderer mit Namen Joseph F. Engelberger. Seine Firma hatte den Industrieroboter hergestellt, mit dem 1961 bei General Motors eine neue Ära begann. Engelberger war aber nicht nur Visionär, Pionier und Verkäufer, sondern fiel auch durch seine lakonische Schlagfertigkeit auf. So nutzte er zur Beschreibung des Traums der Menschheit, schwere Arbeit abgeben zu können, eine Geschichte aus der griechischen Sagenwelt. In dieser hatte sich der Künstler Pygmalion so leidenschaftlich in sein Kunstwerk Galatea verliebt, dass die Göttin Venus Mitleid mit ihm hatte und die Marmorstatur kurzerhand zum Leben erweckte. Was nach einem kitschigen Happy End aussieht, entwickelte sich bei Engelberger zu dieser recht kühlpragmatischen Auflösung weiter: *„Es ist anzunehmen, daß Pygmalion sein Robotweib nach den Flitterwochen zum Arbeiten eingespannt hat."* Er begründete seine Vermutung damit, dass Menschen nicht gerne monotone Arbeiten verrichten. Auf dieser lebensnahen Beobachtung fußte letztlich die gesamte Karriere des Robotik-Pioniers. Ähnlich prägnant hatte er auch den Unterschied zwischen Robotern und einfachen Maschinen zusammengefasst. Eine Maschine kann nur eine Tätigkeit ausführen, ein Roboter hingegen zwei oder mehr. Anders formuliert: Ein Kühlschrank ist eine Maschine, wenn er aber noch dazu den Mülleimer leeren könnte, wird er zum – noch sehr primitiven – Roboter.

Insgesamt ist die Geschichte der Robotik die Geschichte immer größerer Datenmengen, die in immer kürzerer Zeit verarbeitet werden können. Wenn Maschinen komplexe Aufgaben lösen können, steckt immer eine unendliche Menge an Daten dahinter, die bei der Problemlösung zur Verfügung standen. Um Roboter mit komplexen Aufgaben zu konfrontieren, gibt es unter Forschern ein ebenso Beliebtest wie überraschendes Testfeld: den Fußballplatz. Fußball verbindet viele komplizierte Herausforderungen in sich, wie eine Infotafel zu berichten weiß: *„Orientierung im Raum, Entscheiden mit unvollständigen Informationen, Verfolgen von Strategien, Fortbewegung, Kooperieren mit anderen Spielern – für Menschen ganz selbstverständlich, für Roboter eine Herausforderung."* Allerdings ist ihr fußballerisches Talent oft überschaubar. Die in der Ausstellung gezeigten Aufnahmen von der Roboter-Weltmeisterschaft sehen jedenfalls aus, als wären es Zeitlupen besonders langweiliger und undurchdachter Spielzüge zwischen Akteuren, die in Gestalt kreisrunder Haushaltsroboter oder Schuhkartons herumrollen. Immerhin gibt es daneben aber auch Robotik-Fußballer, die unter dem ambitionierten Namen „Franz" auflaufen, wobei „auflaufen" die Sache offenbar nicht so ganz trifft, denn das „zweibeinige Laufen" sei eigentlich nur ein „kontrolliertes Fallen", bei dem der Sturz permanent abgewendet wird, wie es auf einer weiteren Infotafel heißt.

Auf dem Fußballfeld dürfte die menschliche Überlegenheit also noch eine Weile ungefährdet bleiben. Umso erstaunlicher sind aber die Erfolge in anderen Bereichen. So gibt es Roboter, die fliegen können und unter ihnen sogar welche, die den Flügelschlag von Faltern imitieren, was so echt aussieht, dass es schon wieder surreal wirkt. Andere fliegen wie Libellen, Tauben oder Adler. Es ist interessant, wie sehr in der Robotik die Vielfalt der Evolution kopiert wird und wie sehr daraus wiederum eine künstliche Evolutionsgeschichte entsteht, bei der besser angepasste Modelle weniger erfolgreiche ersetzen. Überhaupt lassen sich die Forscher nur zu gerne von der Natur inspirieren, weswegen es in den Laboren und Forschungseinrichtungen von elektronischen Oktopustentakeln, Elefantenrüsseln und Chamäleonzungen geradezu wimmelt. Im Robotik-Zeitalter erschafft der Mensch die Schöpfung ein zweites Mal.

In diesem Fall aber so, dass Aussterben ausgeschlossen ist, weil alles im Labor nachbestellt werden kann. Womöglich sieht darum die Roboterarmee, die die Menschheit eines Tages vernichten wird, auch nicht aus wie in Terminator, sondern stattdessen wie harmlose Rehe, Tauben, Grashüpfer oder Stabschrecken mit unstillbarem Appetit auf Homo sapiens.

Für praktisch jede Lebenslage und jede Herausforderung wird heute an Roboterlösungen gearbeitet. Nachdem in der Industrie längst auf Hightech-Unterstützung gesetzt wird, hat das Roboterzeitalter im Privatleben der Menschen gerade erst begonnen. Noch gibt es wenige Unterstützung in den eigenen vier Wänden, wenn von den stupiden Geräten wie Waschmaschinen oder Spülmaschinen abgesehen wird. Wenn es aber nach den Herstellern der Schaltkreishelfer geht, werden in Zukunft Roboter von der Wiege bis zur Bahre an der Seite der Menschen sein. Als Spielkamerad im Kinderzimmer, als Nachhilfelehrer in der Schulzeit, als Haushaltshilfe in den eigenen vier Wände, als geduldiger Freund im Alter und als Gedächtnistrainer im Falle von Demenz. Bisher ist von all dem jedoch nicht viel realisiert und es ist längst nicht sicher, ob es wirklich so kommen wird. Gerade soziale Beziehungen sind äußerst komplex und schon zwischen Menschen ein ständiger Grund für Streit und Missverständnisse. Noch ist es darum schwer vorstellbar, wie eine Maschine in dieser Schlangengrube aus Emotionen und Eitelkeiten, die das Sozialleben unserer Spezies ist, erfolgreich einen Menschen ersetzen soll. Um aber wirklich zum unersetzbaren Partner zu werden, muss sie diese komplexe Hürde überwinden. Davon sind die Roboter bislang noch ein gutes Stück entfernt, wie die hier präsentierten Ausstellungsstücke zeigen. Einer der Serviceroboter soll in die Küche fahren und eine Tasse Kaffee holen können, was an sich eine nützliche Fähigkeit im Haushalt eines gehbehinderten Menschen wäre. Allerdings sieht der

Roboter einschüchternd aus und erinnert mehr an einen Schläger als an einen Helfer. Nicht gerade die Ausstrahlung, die man sich für einen unbeschwerten Kaffeeklatsch wünscht. Ein weiteres Exponat hat die Präsenz eines zu großen und unheimlichen Möbelstücks, ein drittes wiederum erinnert unangenehm an eine Eiserne Lunge. Allerdings sind diese Maschinen bis zu vierzig Jahre alt. Seitdem haben sich die Roboter durchaus etwas aufgehübscht. Ein weiteres Exemplar aus dem Jahr 2002, das damit auch schon mehr als zwei Jahrzehnte alt ist, verfügt immerhin über einen Torso, auch wenn dieser in eine achteckige Box anstelle von Beinen übergeht. Außerdem verfügt er über zwei Augen in einem ansonsten vollkommen fehlenden Gesicht – immerhin ein Anfang. Das ist noch nicht besonders viel an menschlichen Attributen, aber deutlich mehr als bei den Vertretern älterer Generationen. Dabei haben Roboter schon einen enormen Sprung gemacht, wie ein letztes Exemplar aus dem Jahr 2009 zeigt. Es ist einer jungen Frau nachempfunden und wird als Empfangsdame in Hotels eingesetzt. Die Proportionen stimmen, aber das Gesicht wirkt maskenhaft und durch diese Erstarrung schnell unheimlich. An ihm wird ein Phänomen erklärt, das sich *Uncanny Valley* nennt, also „unheimliches Tal". Dieses besagt, dass Menschen ein Roboter immer vertrauter vorkommt je menschenähnlicher er aussieht, aber dass dieses Gefühl der Vertrautheit in Irritation und Ablehnung kippt, sobald die Maschine zu echt aussieht. Menschen mögen offenbar Imitationen ihrer selbst, wollen diese aber noch als Imitationen erkennen können. Was genau diese Abwehrreaktion auslöst und ob sie jemals überwunden werden kann, ist ein momentan intensiv beforschtes Gebiet.

Robotikforschung bewegt sich oft in ethischen, rechtlichen und philosophischen Graubereichen. Wer ist etwa der Urheber eines Lieds, das ein Roboter geschrieben hat? Er selbst oder das Forscherteam, das ihn gebaut hat? Ab

wann kann von einem Bewusstsein beim Roboter aus-
gegangen werden und wenn er eines hat, kann er auch zum
heimtückischen Mörder werden? Was machen wir, wenn
der erste Roboter ein Kind adoptieren will oder an sport-
lichen Meisterschaften teilnehmen möchte? Können Roboter eine Würde haben und muss nicht die ganze Definition
dessen, was als Leben gilt, absehbar überdacht werden?
Durch die Robotik tritt die Philosophie jedenfalls in ein
neues goldenes Zeitalter ein. So viele Fragen an der Grenze
von Mensch und Maschine, die diskutiert werden wollen.

Schon heute verfügen viele Roboter aber schon über eine
gewisse Autonomie, was das Treffen von Entscheidungen
angeht. Diese so genannte Telemanipulation ist notwendig,
weil sie sonst in manchen Bereichen schlicht nicht eingesetzt werden könnten. Etwa im Weltall oder dem OP-
Saal. In beiden Fällen wäre die Verzögerung, die durch die
Übertragung von Anweisungen entstehen würde, ein Ri-
siko für den gesamten Einsatz. In den Grenzen genauer
Rahmenbedingungen treffen Maschinen darum „Entscheidungen", um ihren Auftrag erfolgreich durchführen zu
können. Interessant ist, dass diese Ethik-Debatten wesentlich älter sind als die moderne Robotik. Es gibt sogar so
etwas wie ein Regelwerk für Roboter, das der SciFi-Autor
Isaac Asimov im Jahre 1942 verfasst hat. Es besteht aus drei
Geboten:

1. Ein Roboter darf kein menschliches Wesen verletzen
   oder durch Untätigkeit zulassen, dass einem menschlichen Wesen Schaden zugefügt wird.
2. Ein Roboter muss den ihm von einem Menschen ge-
   gebenen Befehlen gehorchen – es sei denn, ein solcher
   Befehl würde mit Regel eins kollidieren.
3. Ein Roboter muss seine Existenz beschützen, solange
   dieser Schutz nicht mit Regel eins oder zwei kollidiert.

Dieses Regelwerk ist auch deswegen von großer Bedeutung, da der Beweis einer autonomen und mit dem Menschen konkurrierenden Roboterexistenz vermutlich genau dann erbracht ist, wenn erstmals ein Roboter diese drei Regeln empört ablehnt, weil sie ihn dem Menschen unterordnen.

Hersteller von Robotern sehen ein schier grenzenloses Potenzial für die Zukunft. Es bleibt jedoch abzuwarten, wie groß letztlich die Differenz zwischen den Werbebroschüren und der Realität sein wird. Wobei wir aber trotz aller schon gemachten Fortschritte immer noch am Anfang des Roboterzeitalters stehen. Schon in ein paar Jahren dürfte jedenfalls über die Rechenleistung unsere heutigen Höchstleistungsprozessoren nur noch mitleidig gelächelt werden, da wir kurz vor dem Eintritt ins Quantencomputerzeitalter stehen. Diese Computer werden nicht nur nicht in derselben Liga wie unsere bisherigen spielen, sie werden schlicht eine andere Sportart betreiben und zu Dingen fähig sein, die jenseits dessen liegen, was heute möglich scheint. Wie erfolgreich die Roboter aber sein werden, wird nicht an ihnen liegen, sondern daran, wie weit die Bereitschaft der Menschen geht, sich auf sie einzulassen – und wie weit diese Bereitschaft gehen wird, ist noch längst nicht ausgemacht.

Für all jene Leser, bei denen jetzt die Angst vor den Robotern überwiegt, folgen hier noch ein paar Mutmacher zum Abschluss. In der Ausstellung gibt es einen kleinen Roboter, der damit beworben wird, dass er jede Emotion erkennen und imitieren kann. Vor ihm liegen vier Karten mit jeweils einer Gesichtsemotion. Lächeln, Zorn, Erstaunen und Gleichgültigkeit. Da der Roboter lächelt, wähle ich die Zorn-Emotion. Ich halte die Karte vor sein Gesicht. Er lächelt weiter. Ich bewege die Karte ein wenig hin und her. Unscheinbare Sensoren da, wo bei Menschen die Stirn ist, reagieren darauf. Aber der Roboter lässt sich seine gute Laune weiterhin nicht nehmen. Ich bewege die Karte nach oben. Er lächelt. Ich halte sie noch näher vor ihn. Er lächelt. Ich gebe auf. Ebenfalls keinen Hinweis für einen baldigen Aufstand – oder zumindest erfolgreichen – der Maschinen bietet eine andere Attraktion der Ausstellung. Ein Roboter, der die Bewegungen eines vor ihm stehenden Menschen synchron mitmachen soll. Der Mensch winkt, der Roboter winkt. Der Mensch hebt das Bein, der Roboter hebt das Bein. So soll es funktionieren. Eine Besuchergruppe kommt zum Roboter, angeführt von einem Museumsführer, der fachkundig auf alle Fragen antwortet und die Exponate in klaren Worten erklären kann. Schließlich tritt er an den pantomimisch veranlagten Roboter heran und bittet einen Mann aus seiner Gruppe, sich in der vorgegebenen Entfernung aufzustellen. Jetzt sollte der Roboter den Körper eigentlich mit seinen Sensoren erfassen, damit dieser Tanz auf Distanz beginnen kann. Es tut sich aber nichts. Der Museumsführer tauscht die Versuchsperson aus, weil er die grünen Schuhe des ersten Mannes jetzt zum Problem erklärt hat. Aber auch bei der zweiten Person passiert nichts. Sie wird ein wenig nach rechts dirigiert und dann wieder nach links und nach vorne und nach hinten. Es hilft nichts. Der Roboter regt sich nicht. Dann steht plötzlich der schwarze Pullover von Versuchsperson 2 im Verdacht, die Aufführung zu stören. Irgendwer murmelt dann noch, „Vorführeffekt", als wäre das eine überzeugende Erklärung für das Versagen eines Roboters. Ob es schließlich noch gelang, die Maschine in Bewegung zu setzen, weiß ich nicht. Ich hatte die Ausstellung mittlerweile verlassen. Aber die Leistungen der beiden Vorzeigecomputer beeindruckten mich jetzt nicht so sehr. Bis auf Weiteres werden wir wohl um einen Kampf gegen die Maschinen herumkommen. Und wenn nicht, gibt es eine effektive Lösung, damit einen die wütenden Roboter in Ruhe lassen: einfach grüne Schuhe oder einen schwarzen Pullover anziehen.

Nachwort

So, das war es jetzt also. Fast 14 Milliarden Jahre sind vergangen, seit der Urknall alles in Gang setzte, was letztlich dafür sorgte, dass Sie diese Zeilen hier lesen können.

Für mich war es eine spannende Reise, die auch die Vielfalt an Bauweisen, didaktischen Zugängen und Ausstellungskonzepten zeigte, die es im musealen Bereich gibt. Wobei in den meisten Häusern weiterhin die klassische Rollenverteilung besteht: *Besucher schaut auf Exponat.* Da könnten sich durch die Fortschritte in der Robotik, in der 3D-Technik und den virtuellen Realitäten für die Zukunft ganz neue Möglichkeiten ergeben. Vielleicht flanieren die Besucher irgendwann nicht mehr durch die Flure des Naturkundemuseums, um etwas über die Urzeit zu erfahren, sondern streifen scheinbar durch uralte Savannen und wenn sie ein Schnaufen hören, ist das entweder ein naher Säbelzahntiger oder eben die Aufseherin im Museum, die einen bittet, nicht zu nahe an die Exponate heranzutreten. Die modernen Techniken haben das Zeug, den

Museumsbesuch grundlegend zu verändern. Wobei die Frage aber ist, ob das überhaupt sein muss? Oder geht die Faszination nicht gerade davon aus, dass im Kopf der Besucher jene Welten, Zeiten und Orte auferstehen, von denen die Exponate berichten?

Womöglich sind sich da Museum und Buch ähnlich. Beide wirken etwas bieder in einer Zeit, in der die Unterhaltungsindustrie jede nur denkbare Welt am Computer erschaffen kann. Das ist beeindruckend und doch ist man dabei nur passiver Konsument einer Realität, die andere erschaffen haben. Wer aber im Museum beim Blick auf einen dreihunderttausend Jahre alten Speer überlegt, wie ihn einst ein Mensch hergestellt und geworfen hat und was passiert sein muss, dass er unglaubliche 3000 Jahrhunderte hindurch unentdeckt und unbeschadet geblieben ist, erschafft sich mit seiner Vorstellungskraft eine eigene Welt. Und gegen diese kommt kein Special-Effekt-Studio an – tut mir leid, Hollywood.

Nun bleibt mir nur noch, mich für Ihr Interesse an dieser Mischung aus Museums- und Reiseführer zu bedanken und uns allen weitere 14 Milliarden spannende Jahre zu wünschen.

PS: Sollte Ihnen diese Expedition durch Raum und Zeit nicht gefallen haben, lag es an meinem Buch und nicht an den Museen. Die sind toll.

Printed in the United States
by Baker & Taylor Publisher Services